# NHKスペシャル取材班、「デジタルハンター」になる

NHKミャンマープロジェクト



講談社現代新書
2664

# 目次

# プロローグ　誰も現地に行けなくなった国際報道の現場（善家　賢）

## コロナ禍で直面したドキュメンタリー制作の壁

世界で新型コロナウイルスの感染が拡大し続けていた２０２０年の秋――。

ＮＨＫの北館３階にある報道局政経・国際番組部（国際班）の居室は、普段より人口密度が高くなっていた。少し前に行ったリフォームによって、部屋は自席が決められていない流行のフリーアドレスとなっていたが、人数分の席が足りずに、新設された会議スペースなどで作業をしている者もいる。なぜか？

もともと、ここは、国際ニュースや国際番組を制作するディレクターなどが所属し、ＮＨＫの国際報道を支えてきた部署の一つである。

当時、ここでチーフ・プロデューサーを務めていた私（善家）も、それ以前はワシントン支局の特派員を務め、帰任後の４年間で、国際情勢を対象とした「クローズアップ現代＋」や「ＮＨＫスペシャル」などを数多く制作してきた（登場人物の部署名や肩書きは２０２２年３月までのもの）。

当然、集まってくるディレクターたちもみな海外ロケで幾多の修羅場をくぐってきた強者ばかり。これまでだと多い時には同時に10名近くがそれぞれの担当番組の撮影のために世界各地に出張し、散らばっていた。

フリーアドレスの設計担当者は、そうした常時不在の人数を考慮したうえで、席数を計算していたのだが、そこに大きな誤算があった。

世界的なコロナの感染拡大の影響で、ディレクターたちが海外出張に行けないケースが続出してしまい、想定外の人数が居室で作業をするようになってしまったのだ。

チーフ・プロデューサーの私は、現場に行けずに悶々《もんもん》としていたディレクターたちから「いつになったら海外出張に行けるんですか？」と、日々、突き上げを食らっている状況だった。

もちろん、行き先や時期によっては出張に行けるケースもわずかながらあったが、多くの場合は、ディレクターから出張の相談をされるたびに、何かしらの壁に突き当たった。

コロナで入国が制限されている場合はもちろん、取材ビザが発給されなかったり、入国はできても隔離期間の長さを考えて断念したり。さらには、取材先から撮影の延期を求められるケースもあった。こちらとしても、万が一にも取材先に感染させたりすることはできないため、慎重にならざるを得ない部分もあった。

「ここまで現地が遠くなるとは……」

これまで、国際番組を制作する際には、記者やディレクターが現地に飛び、数週間から1ヵ月以上にわたって、主人公などに密着して撮影を行うのが当たり前だった。また、調査報道にしても、現地で証言者を探し歩いたり、決め手となる資料を掘り当てたりして、事実を発掘していくという作業を積み重ねてきた。当然、遠路遥々《はるばる》行ってはみたものの、期待した成果が得られないことも少なくなかったが、とにかく〝現場主義〟の精神で、「自分の足で取材をする」ことこそが、テレビに限らず、ジャーナリズムの基本中の基本だと考えてきた。

実際、本書を執筆している2022年4月現在、ロシアによる軍事侵攻を受けたウクライナへ多くのジャーナリストが向かい、現地で何が起きているのかを報告する姿を見ると、やはり、これこそが報道の基本的な姿勢だと感じる。

しかし、当時、コロナによって引き起こされた未曽有のパンデミックは、私がNHKに入局して以来30年近く疑うことのなかったこの基本姿勢が通用しないという想定外の事態を生み出していた。

現地に行かずにどう番組を制作するか——私たちは、日々めまぐるしく動く世界を前に、「報道現場」としての存在意義を根底から揺るがす事態に直面し、苦悩していた。

とはいえ、世界は日々動いているため、当然、番組は制作し続けなければならない。実際に、２０２０年の上半期、私たちは、コロナの感染拡大などをテーマとした「ＮＨＫスペシャル」や「クローズアップ現代＋」を数多く制作してきた。

これらは、主に、東京から記者やディレクターを派遣せずに、世界30都市にあるＮＨＫの海外総支局に現地での撮影を依頼するなどして制作してきたものだった。

しかし、この頼みの綱である海外総支局も、現地で感染の波がピークに達するたびに、移動などの制限を余儀なくされ、思うように取材ができない期間が少なからずあった。

## 49分間のドキュメンタリーをリモートで制作できるのか？

先行きの見えない重苦しい空気が半年以上にわたって続く中、その状況を打開する一歩となる、ある番組の制作が立ち上がった。

それは、２０２０年10月に放送したＮＨＫスペシャル「香港　激動の記録～市民と〝自由〟の行方～」だった。〝中国化〟の波に飲まれる香港を舞台に、「民主化」や「言論の自由」を訴え続ける市民たちと、逆に、中国と共に生きることを選択する市民たちなど、揺れる彼らの姿を描くという番組なのだが、当初、やはり大きな壁となったのは、コロナの感染が拡大していた香港現地での取材が難しい中、どう密着取材を成立させるのかということだった。

なかでも、ＮＨＫスペシャルは通常49分サイズであるため、現場で相応の量のシーンを撮影し、積み重ねていかないと成立しない枠でもあった。

そこで、まず頼りにしたのが、やはり、香港にあるＮＨＫの支局だった。しかし、当時の香港のように、日々、ＮＨＫのニュースでトップ項目になるような出来事が起きている場合、支局の最大の仕事は、ニュースを間断なく出稿していくことになる。そのため、番組のためだけに全面的に撮影をお願いすることは、どうしても難しくなってしまう。

また、別の頼みの綱は、現地で雇っているリサーチャーだった。リサーチャーとは、現地の言葉ができるため、主人公となる人物と取材交渉をしたり、そのバックグラウンドを調べたりするなど、主に撮影前の取材を担ってくれる人たちである。時と場合によっては、彼ら・彼女らに撮影自体をお願いすることもできる。

しかし、番組の全体像を把握している記者やディレクターとは違うため、その場その場で臨機応変に必要なシーンを撮影したり、難しいインタビューを撮影したりしてもらうには、相応の経験が必要であり、「そこまで責任を負いきれない」と敬遠するリサーチャーも少なくなかった。特に今回は、香港で中国政府による締め付けが強まっている現状を取材することが目的であったため、取材される市民側も非常に強い警戒心を持っており、リサーチャーに過度な要求をすることは難しかった。こうしたことから、私たち制作チームは行き詰まっていた。

「もう〝自撮り〟に賭けるしかないんじゃないですかね？」

ある日のミーティングで、一人のディレクターがそう発言した。現地に撮影に行けないのであれば、主人公となる複数の市民たちにスマホでの〝自撮り〟をお願いして、そのつど、動画を送ってもらい、編集に取り込んでいくしかないのではないかという提案だった。

この時、私たちが主人公として考えていたのは、香港で〝中国化〟が急速に進む中、「民主化」を訴え続ける25歳の区議会議員の若者や、大学のジャーナリズム・サークルに所属し、「言論の自由」を訴えていた学生記者。その一方、〝親中派〟と呼ばれる人物などもいた。

「自撮りか……」

私は少し躊躇《ためら》った。というのも、私たちの制作現場では以前から、〝現場主義〟という考え方に基づき、「ユニ映像」といって、NHKのクルーが撮影した独自の映像を使うことが重視されてきた歴史がある。しかも、今回はテーマも難しいうえに、ユーチューバーでもない彼らが、どこまでしっかりとした映像を撮影でき、「シーン」として番組にしっかり組み込めるかが、正直、見えなかった。

とはいえ、かつては「最後の手段」とされてきたインタビューのリモート撮影でさえ、コロナ禍では当たり前になってきた状況などを踏まえると、オールドメディア流の古い考え方にこだわっていても仕方がないと思い、試してみることになった。

NHKでも、ウクライナをめぐる報道を境に、現地の市民による自撮り映像を使って番組を構成するのは一般化されつつあるが、当時はそこまで広がってはいない状況だった。

こうして、私たちは、49分のドキュメンタリー番組を、主人公たちの自撮りに頼って、ほぼリモートで制作するという試みを始めた。

## スマホの〝自撮り〟だからこそ捉えられたシーン

「これはいける！」

放送まで1ヵ月を切り、編集室で1回目の試写が終わった際に、私はディレクターたちを前に声を上げた。通常、1回目の試写は、まだ編集が粗く、構成も整理されていないケースが多い一方で、映像素材が持つ力がいちばんストレートに伝わってくるものなのだが、この時は、いつにもまして素材の力が強いと感じたのだ。

聞くと、ディレクターは「複数の主人公に自撮りをお願いした当初は、こちらに送ってくる動画も、ブレやピンボケはもちろん、失礼ながら、何を撮影しているのか判然としないものも多かった」という。しかし、その後、何度もやりとりを重ねて要領を得た主人公たちは、徐々に非常にリアルで、かつ、プライベートだからこその力強い映像を撮影して送ってくれるようになっていったというのだ。遠隔のコミュニケーションでかくも進歩していくものかと私は驚かされた。

なかでも、主人公の一人で、香港の民主化を訴えていた25歳の区議会議員が撮影した動画は、スマホの〝自撮り〟だからこそ撮影できたものが多かったと言える。

たとえば、街頭演説を続ける議員の前に、突然、警察が現れるシーンでは、演説を制止しようとする警察とのやりとりの一部始終が至近距離でリアルに記録されていた。

さらに、ある夜に撮影された動画では、悲壮感漂う声で実況が始まった。

「困ったことが起きました。仕事を終えて帰宅しようとしたら、エンジンに違和感を覚え、高速道路で車体が激しく揺れたので、今停車したところです」

動画には、議員が車を降りてタイヤを確認したところ、刃物のようなもので、何ヵ所も穴が開けられ、ボロボロとなったタイヤが映し出されていた。

「タイヤはもうボロボロです。何でこんなことになるのか。原因について臆測は言いたくありませんが、買って1年未満の新車です。同じことが、香港で声を上げている多くの人たちに起きています」

民主派と呼ばれる議員である若者に対して、陰に陽に圧力がかけられ、日に日に追い込まれていくさまがリアルに記録されていた。

これらの動画は、現地で撮影クルーが密着をしていたとしても、リアルタイムで撮影できたかどうかは疑問である。やはり、第三者が介在せず、自分でスマホを使って撮影しているからこそそのリアリティがある。誰もが発信者になれるスマホ／ネット時代だからこその動画だと感じた。

しかし、その一方で、当然、これらの動画の取り扱いについては慎重を期した。事前に入念な取材をしたうえで選んだ主人公たちだとはいえ、撮影クルーという第三者を介さずに、当事者が送ってきた〝シーン〟や〝発言〟などについてのファクト・チェックは不可欠となるからだ。

結局、こうした試行錯誤を経て、最終的に番組は何とか成立した。そして、放送は大きな反響を呼び、2020年度のギャラクシー賞の選奨をいただくなど、高い評価を得たのだが、この時、私は、リモートで作る〝デジタル時代のドキュメンタリー〟の可能性を強く意識するようになっていた。

## 「OSINT《オシント》」とはいったい何だ!?

2020年の10月に、何とか香港の番組を制作し終えた矢先、NHKスペシャルのデジタル展開を主導している中村直文統括プロデューサーから、ある言葉を投げかけられた。

「一緒にOSINTで、新型コロナの起源を追う調査報道を番組でやらないか？」

恥ずかしながら、私は、この時、初めてOSINT（Open Source Intelligence）なる言葉を聞いた。これは、インターネット上のさまざまな情報や、SNSに投稿された動画や画像、地図情報、衛星画像など誰もがアクセスできる「公開情報」を使って、戦地などの取材が困難な場所での殺戮の実態や、国家権力が隠蔽している〝不都合な真実〟、世界を揺るがす事件の真相などを解明する手法で、その革新性から「調査報道革命」または「報道革命」とも呼ばれてきた。

今でこそ、〝ウクライナ危機〟をめぐって国内外のメディアが、市民が投稿したSNS上の動画や写真、衛星画像などを利用して、ロシア軍による攻撃の詳細や、現地での被害の実態などを解明しようとしているが、当時はまだ見聞きする機会も少なかった。

このOSINTで早くから知られていたのが「ベリングキャット（Bellingcat）」という国際的な調査集団だ。彼らが最初に注目されたのは、2014年7月、ウクライナ東部の上空でマレーシア航空機が何者かにミサイルで撃墜され、乗客・乗員298人が死亡した事件についての調査報道だった。この時、ミサイルを搭載した車両が、ロシア領内からウクライナ東部の撃墜現場に移動し、発射後にロシア国境に向かった移動ルートを、SNS上の画像や動画を収集して解析することで明らかにするなど、世界に衝撃を与えた。

この「ベリングキャット」について、NHKでは、2020年5月に放送したBS1スペシャル「デジタルハンター〜謎のネット調査集団を追う〜」で、その活動に密着。そこには、部屋から出ずにPC画面と向き合い続け、世界に散らばるメンバーたちとオンラインでつながり、真実を突き止めていく姿が映し出されていた。

私はこの番組を見て頭を殴られたような感覚に見舞われた。ジャーナリストが本職ではない人々が、本職でも解明できないような事件の真相を探るようになっている。しかも、現場に行かずにオンラインで。長年、「現地に行かなければ調査報道はできない」と信じ込んでいた自分にとって、想像もつかないような地平が広がっていたのである。しかも、この「ベリングキャット」の活動は、テレビや新聞といったオールドメディアの報道にも多大な影響を与えていった。BBCやニューヨーク・タイムズなど、世界の主流メディアがこぞってOSINTを取り込むようになっていたのだ。

「世界はすでにデジタル技術を駆使してこれだけの調査報道を行っている……」

気持ちが大きく高まった私は、ＯＳＩＮＴの手法を使った番組に挑戦することになった。ＮＨＫスペシャルとしては初めての試みだったこともあり、一部からは「インターネット中心に取材を進めるなんて大丈夫か⁉」という声もあったが、ＮＨＫスペシャルを統括する〝Ｎスペ事務局〟が後押ししてくれたことで走り出すことができた。

当初は、コロナ禍で現地取材が難しいという問題もこれならクリアできるのではないかという程度の考えだったが、のちに、それが、それまでの取材では届かなかった領域にまでアプローチできる武器になることに気づかされることになる。いわば、現地取材での〝平場の目〟に対して、鳥のように〝俯瞰した目〟を持つ感覚といったら大袈裟だろうか。特に、中国のように情報が限定的にしか入手できない国に対してはなおさらだった。

こうして制作したのが、２０２０年12月に放送したＮＨＫスペシャル「謎の感染拡大〜新型ウイルスの起源を追う〜」だった。実動部隊は、報道局の石井貴之ディレクター（第3部第1章を執筆）ら2名と、大型企画開発センターのディレクター1名。そのタイトルの通り、新型コロナウイルスが、いつ・どこで発生し、どのように広がったのかをＯＳＩＮ

Tの手法も駆使して調査報道するというものだった。

そもそもの番組の出発点は、当時、知られていたパンデミックの始まりについての〝定説〟とは矛盾する〝事実〟が、各地で次々に見つかり始めたことだった。

まず、〝定説〟となっている始まりとは……。

２０１９年12月31日、武漢市は「多くの肺炎が発生し、その数は27例に及んでいる」とウェブサイトで公表。その後、中国は「原因不明の肺炎」が発生したことをＷＨＯに報告。そして、ＷＨＯが、１月14日に、遺伝情報などをもとに「新型のコロナウイルス」であることを確認したと発表した。以降、日本で初めての感染例が確認されると、アジア、アメリカ、ヨーロッパなど、またたく間に広がったというものである。

しかし、この公式のタイムラインを覆すような事例が、ＮＨＫの取材でも確認され始めていたのだ。

たとえば、２０２０年１月24日に最初に感染が確認されたというフランス。ある病院では、その１ヵ月近く前の２０１９年12月27日に原因不明の肺炎を患っていた患者を診察した際、鼻からサンプルを採取していた。その後、そのサンプルをＰＣＲ検査したところ、陽性だったことが判明。診断した医師によると、２０１９年12月15日ごろに感染したと推測している。

また、最初の感染が2020年1月30日に確認されたというイタリアでも、国立衛生研究所が、保存されていた下水のサンプル調査を行ったところ、2019年の12月中旬にはかなりの量の新型コロナウイルスが存在していたことがわかってきていた。つまり、各地で1例目が確認されるよりも、実際には1ヵ月以上も早く感染が広がっていた可能性がみえてきたのである。

それでは、最初の感染者が2019年12月8日にいたとされる中国ではどうだったのか？　取材班はその謎を解明するために、OSINTの手法を使おうと考えた。インターネット上で入手できる、中国当局の発表や、現地の医療機関の資料やデータ、SNS上の投稿文書や、学術論文などから真相を解明しようとした。

## 初挑戦！　OSINTで迫る新型コロナウイルスの起源

まず、分析を行ったのは、中国版ツイッターのウェイボー。武漢市がある湖北省で書き込まれた投稿について、2019年12月から2ヵ月遡って「肺炎」や「咳」「風邪」「インフルエンザ」といった言葉などについて4万5000件の投稿を抽出した。

すると、特にインフルエンザについては、病院から人があふれるほどの流行を示す投稿が相次いでいることがわかった。「インフルエンザは本当にこわい。子どもや大人で病院は大混雑している」「インフルエンザワクチンを探し回っているけど、市内のどこにもない。本当に疲れた」などというものである。

そこで、中国の研究論文に引用されていた武漢市の二つの病院のデータを分析。すると、11月下旬には、咳や38度以上の発熱など、インフルエンザのような症状を示す患者が急増。12月後半には、前年の9倍近くになっていたことがわかった。

この大規模なインフルエンザの流行に新型コロナが紛れていた可能性があるのではないかと考えた取材班は、武漢で11月に新型コロナに感染した可能性があるという女性などを突き止めるとともに、中国共産党の医療専門の機関誌にも、11月に新型コロナの感染が広がっていた可能性を示す証拠を発見。武漢大学の宇伝華教授が武漢の医療機関の電子カルテ4万7000件を解析したところ、11月の14日と21日に、新型コロナが疑われる例があったと明記されていた。

それでは、インフルエンザの流行の陰にどれだけ新型コロナの患者が隠れていたのか？私たちは、テキサス大学の数理生物学者、ローレン・マイヤーズ教授の力を借りて、解析することにした。ここで注目したのは、武漢の疾病予防センターの研究論文だった。

この研究論文では12月末からの2週間、インフルエンザのような症状を示した患者の喉から採取されたサンプルを検査。インフルエンザと見られた26のサンプルのうち4つから新型コロナウイルスが検出されていたのだ。マイヤーズ教授は、この割合から武漢全体の初期の感染状況を導き出し、感染者数を推計。

その結果、11月中旬から感染が広がり12月に入った時点で武漢の感染者数は72人。12月末には、およそ1500人が感染していたという数字が出た。当然、これは推計ではあるが、教授は「新型コロナの症状を理解していなかった頃、感染者のほとんどがインフルエンザに見えたと考えられます。異変に気づくことができたのは、たくさんの重症者が入院するようになった後だったのです」と語った。

私たちは、これらの分析以外にも、複数のデータや証言を検証したうえで、11月中旬には感染が広がり始めた可能性が高いと考えた。

では、「最初に」ヒトへの感染が始まったのはいつなのか？

私たちは、NHKが開発した論文ビッグデータを活用。すると、新型コロナについて報告されたおよそ8万本の論文の中に、その日付を推定した研究が複数存在していた。

その中の一つ、遺伝学者のルーシー・ヴァン・ドープ教授らによる研究では、世界各地の7000人以上の感染者から採取されたウイルスの遺伝情報を解析した結果、最も早い日付は「10月6日」――。つまり、遺伝情報の解析からは、早ければ10月初めにはウイルスがヒトに感染し始めたという結果が出たのだ。さらに、可能性がより高いのは11月の初めだという。

他の研究でも、こうした遺伝情報から、ヒトに最初に感染した時期が推定されていた。最も早い推定は、イタリアとブラジルの論文の9月28日。そして複数の研究チームが11月半ばまでにヒトに感染していた可能性を指摘している。

私たちのそれまでの調査によれば、中国で感染が広がり始めた可能性があるのは11月中旬。遺伝情報の解析からは、早ければ、さらにその1ヵ月以上前から人々の間で感染が始まっていた可能性が浮かび上がってきたのだった。

ウェイボー、中国共産党の医療専門の機関誌、武漢の疾病予防センターの研究論文……こうした資料の多くはインターネット経由で入手するなど、初めて挑戦したOSINTを駆使した番組。もちろん、関係者の証言や専門家による分析などを加えたうえでだが、これまで〝定説〟とされてきた時期よりも早くヒトへの感染が始まった可能性などを浮かび上がらせることができた。この時は、OSINTとはいっても、世界中に散らばる膨大なデータを収集して読み解くという「データ・ジャーナリズム」的な側面が強かったが、日本のメディアとしていち早くこの手法に挑戦できたことが、私たちにとって大きな収穫となった。

ミャンマー軍によるクーデターが起きたのは、それから1ヵ月後のことだった。

## ミャンマープロジェクト結成へ

「ミャンマー軍がクーデターを起こした！」

2021年2月1日に、突然、飛び込んできたニュース。軍が、アウン・サン・スー・チー国家顧問兼外相を拘束して権力を掌握したというのだ。

このクーデターに対して、市民たちは躊躇なく抗議の声を上げ、デモは急速に全土に広がっていった。私たちは、2月18日に、市民たちに密着するクローズアップ現代+を放送したが、その後、事態は急速に悪化。軍が、抵抗する市民を容赦なく弾圧し、死者まで出るようになっていった。

それを受けて、4月初旬に、NHKスペシャルを制作することが急遽《きゅうきょ》決定。放送まで1

ヵ月余りしかない中で、何も具体的なことは決まっていなかった。

制作統括を務めることになった私は、ある日の夕方、中村統括プロデューサーと作戦会議を開いた。

「ミャンマー国内で何が起きているのか正確にわからない中で、弾圧の実態をどう記録し、日本の視聴者に伝えられるのかが最大の課題ですね」と私は問題提起した。

当時、私たちが苦労していたのは、この一点だった。ミャンマー軍が厳しい情報統制を敷き、現地の状況が断片的にしかわからなかったからだ。東京から記者やディレクターを派遣したくても、コロナ禍であることに加え、軍によって「非常事態宣言」が発令され、渡航も困難な状況となっていた。

「もうOSINTに賭けてみるしかないな……」

この時、私たちが注目していたのが、当時、SNS上に投稿されていた無数の動画や写真だった。どれも軍による苛烈な弾圧の実態が映し出されており、現地の市民たちが「この惨状を国際社会に知ってほしい」との思いから、決死の覚悟で撮影・発信したものばかり。スマホを使ってリアルタイムで撮影し、すぐさまSNSに投稿、世界に発信する。デジタル技術を駆使して軍の非道を告発するという新たな抵抗の形＝〝デジタル・レジスタンス〟が展開されていたのだった。

こうした貴重な告発をネット上だけに埋もれさせてはいけないと考えた私たちは、OSINTの手法を使って、それらの動画や写真の真偽を検証。撮影した人物、日時や場所などを徹底的に調べあげ、弾圧の実態に迫れないかと考えたのだった。

実は、この作戦会議の前まで、私は腹を決めかねていた。ウイルスの起源を探るNHKスペシャルで、OSINTには挑戦していたものの、今回は、残り1ヵ月余りという時間的な制約の中、膨大な検証作業を要するOSINTに踏み込むのは無謀だと考えていたからだ。しかし、もうそれ以外に選択肢はなかった。賽は投げられたのだ。

「ミャンマープロジェクト」と名づけられた部署横断的なチームが結成されたのは、その直後だった。

中村統括プロデューサーと私、松島剛太チーフ・プロデューサー（第2部、第4部第1章を執筆）、国際部の鴨志田郷デスク（制作後記を執筆）、アジア総局の太勇次郎総局長や飯沼智記者、松尾恵輔記者、内田敢チーフ・プロデューサーら特派員のメンバー、そして、前田陽一ディレクター、齋藤佑香ディレクター、宣英里ディレクターら7人のディレクターが集まり、チームが結成された。

最初の顔合わせの場では、「本当に間に合いますかね?」と不安視する声も上がったが、私は、「アジアの一員である日本の公共メディアとしてできるところまでやってみよう」と正論を訴えるしかなかった。実際、私自身もどこまでできるか自信がなかったが、とにかく、ミャンマープロジェクトを始動させた。

こうして、私たちは、2021年4月に、NHKスペシャル「緊迫ミャンマー 市民たちのデジタル・レジスタンス」を放送。その後も、8月の「混迷ミャンマー 軍弾圧の闇に迫る」から、2022年4月の「忘れられゆく戦場~ミャンマー 泥沼の内戦~」にいたるまで、1年以上にわたって、クーデターによって混迷を深めるミャンマーと向き合い続けてきた。

どの番組でも、国連や、国際的な人権団体、海外メディアなどが注目しながらも、詳細がわかっていなかった軍による弾圧の実態や、攻撃の全体像、そして、甚大な被害の全貌を、OSINTの手法を駆使して解明しようとしてきた。

今、振り返ると、このプロジェクトが辿った道のりは、決して平坦ではなかった。私を含めてＯＳＩＮＴはおろか、「デジタル」とは縁遠いアナログな人間が多かったこともあり、みなが「デジタルハンター」となって真実を突き止めていく作業には、高いハードルが課せられた。膨大な時間と労力、そして、何よりも緊密なチームワークが求められたのだ。

そんな中でも、このプロジェクトを遂行するうえで、チームを支えてくれた存在がいた。普段は、ＮＨＫワールドでニュース番組を制作している樋爪かおりディレクター（第1部を執筆）と髙田里佳子ディレクターだ。

実は、彼女たちは、私たちより一足早くＯＳＩＮＴの可能性に目をつけていた。その先駆者的存在である「ベリングキャット」を取材し、先述したＢＳ１スペシャル「デジタルハンター〜謎のネット調査集団を追う〜」を制作。さらに、「ベリングキャット」が主催するＯＳＩＮＴの研修を受け、その技術も習得していたのだった。

動画や画像分析、音声解析、位置情報の特定など、誰もがアクセスできるオープンソースの情報を駆使して「報道革命」の先頭に立つ「ベリングキャット」。私たちのような既存のオールドメディアとは一線を画すその可能性に触れていた彼女たちの存在が、ＮＨＫスペシャルのミャンマーシリーズを制作していくうえで、大きな原動力となっていったのだった。

# 第１部　真相はＳＮＳの海にあり？

# 第1章　「デジタルハンター」たちとの出会い（樋爪かおり）

## ウクライナ情勢で注目浴びる「ベリングキャット」

樋爪「今どんな状況？」

ヒギンズ氏「今は戦争犯罪を記録するのに必死だ。スタッフ全員、総力を挙げて調査しているよ」

2022年2月24日、日本時間午後5時、イギリス時間午前8時。

私（樋爪）はOSINTを駆使した調査集団「ベリングキャット」の創設者エリオット・ヒギンズ氏にメールで連絡を取り、状況を聞いた。世界中のメディアが「ロシアがウクライナに侵攻」というニュースを報じる中でのやりとりだった。ヒギンズ氏の文面からはこれまでにない危機感をもって調査に取り組もうとする気迫を感じていた。

「ベリングキャット」は、今やOSINTによる調査報道の先駆者として世界的に知られ

「ベリングキャット」創設者エリオット・ヒギンズ氏

た独立系の民間調査集団だ。ヒギンズ氏らメンバーは、私が連絡を取った前日にもすでに情報戦を繰り広げるロシア側の内幕を暴いていた。ウクライナ東部の親ロシア派武装勢力が発信したSNS動画が「隣国ウクライナが攻撃を仕掛けてきたと偽り、ロシアの侵攻を正当化するためのいわゆる『偽旗作戦《にせはた》』の疑いがある」と指摘したのだ。制作された動画の日付、使用された爆発音などを細かく分析して偽物だと暴き、ウェブサイトに公開すると、その衝撃とともに世界中のメディアが一斉に報じ、よりいっそうの注目を集めた。

その4日後の2月28日には、ウクライナ北東部の都市、ハルキウで「クラスター爆弾が使用された疑いがある」との分析結果を発表。再び世界を震撼させた。クラスター爆弾使用の分析については、シリア内戦時から調査を続けてきたヒギンズ氏〝お得意〟の分野でもある。ロシア、ウクライナ両国ともにクラスター爆弾の使用を禁止するオスロ条約に参加しておらず、誰が発射したものかまでは証明できていない。しかし、明らかにロシア方面から発射されたものだというところまでは分析できている。

ヒギンズ氏「こうした記録は将来、国際刑事裁判所（ＩＣＣ）に持ち込まれ、責任者を追及するための重要な証拠となりうるから」

そう信じて、調査に邁進《まいしん》するヒギンズ氏は、今やオランダ・ハーグにある国際刑事裁判所に情報を直接提供するなど、国際機関からも信頼される存在となった。「ベリングキャット」が調査してきた記録が戦争犯罪の証拠の中核として活かされる日が来るのはまだ先のことだ。それでも、ロシアの戦争犯罪を示す「動かぬ証拠」を世界中の人々が共有すれば、ロシアがいくら反証しようとも、覆すことは容易ではない。

「ベリングキャット」によるウクライナでの一連の調査が発表されるたび、日本も含めて世界中の報道機関がこぞって取り上げ、連日のように報じている。報道機関とはいえ、ウクライナには誰もが入れるわけではない。「見えない事実」も大量に埋まっているはずだ。そうした中で「ベリングキャット」のような存在が果たす役割は大きく、権力を監視するうえで今や欠かすことはできなくなっている。

ヒギンズ氏のツイッターアカウントのプロフィール画像は今、「犬が、地面に突き刺さるクラスターロケットにおしっこをかける様子」に変わっている。クラスターロケットはロシア軍がウクライナで広く使用している武器だ。さすがヒギンズ氏、ロシア政府の〝不都合な真実〟を暴いてきただけあって、独特のユーモアが感じられる。この画像が変わる日はいつ来るだろうか。

## 新たな〝権力ウォッチャー〟の台頭

「ベリングキャット」を率いるヒギンズ氏との出会いは、今から3年前に遡る。2020年5月、NHK・BS1スペシャルで放送された番組「デジタルハンター～謎のネット調査集団を追う～」の制作を私はディレクターとして担当した。OSINTの手法を駆使して次々と世界が注目するスクープを報じてきたエキスパートたちを1年かけて取材したのだ。「調査報道の最前線」と言われる彼らのスクープはどのように生まれたのか、その舞台裏を追ったドキュメンタリーだ。その軸となったのが「ベリングキャット」だった。

それまで、ミャンマー情勢やシリア内戦など世界各地の紛争、資本主義、ジェンダー、そして環境など、実地取材にこだわってきた私にとって、彼らの活躍は驚きの連続だった。彼らも同様のテーマで、ＯＳＩＮＴを駆使した調査を行っているのだ。

「ベリングキャット」は、「凶暴な猫の首に鈴をつけるため相談し合うネズミたち（Belling the Cat）」を描くイソップ物語に由来する。実際、彼らは調査で嘘を暴くたび、さまざまな組織、集団や個人から何度もハッキングを受けたり、名指しで「悪名高き集団」といったレッテルを貼られたり、批判を受けている。その多くがロシア政府からだ。それでも一歩も怯《ひる》むことなく、それどころか次々とスクープを出し、飛躍し続けている。

２０１９年10月。私は「ベリングキャット」の創設者エリオット・ヒギンズ氏に会いに、オフィスのあるオランダへと向かった。市民によるＯＳＩＮＴを駆使した調査報道のパイオニアと言われ、すでに欧米では有名だったヒギンズ氏。実際に会いに行くと非常に気さくで、穏やかでどっしりとした風格を持つ人物だった。しかし、見た目とは違い、話し出すと非常に早口でなかなか止まらない。

とくに、調査の過程の話となるとついつい口調が早くなるヒギンズ氏。「彼の言葉を字幕で補うには字数が足りず、大変な作業になりそうだな」という覚悟をしながら話を聞くにつれ、耳も慣れていき、非常に楽しそうに話してくれる姿を見ていると、心底この仕事を天職に思っているのだなと感じた。そして何よりも驚いたのは、惜しむことなく自分たちが手がけてきた調査の手法と過程を非常に明快に話してくれたことだった。報道機関に携わる者として、摑《つか》んだ情報には守秘義務があり、すべてを語ることはできないときもある。それゆえ、「世界的事件の裏側を初対面の私に、ここまで詳《つまび》らかに話してくれてもいいのだろうか」と不安になるほどだった。しかし、それは「自分たちの仲間を世界中に増やすため」だということが、ヒギンズ氏が取り組んできた調査を取材することで理解できた。

ヒギンズ氏は1979年生まれ。いわゆる「デジタル・ネイティブ」と呼ばれるミレニアル世代よりほんの少し早く生まれている。ユニークなのは、その経歴だ。彼にはジャーナリストの経験はまったくなかった。大学時代はメディアテクノロジーを専攻し、一度はジャーナリストの道を歩みたいと思ったこともあったという。しかし、ヒギンズ氏は大学を中退している。

樋爪「なぜ大学を中退する決断ができたのか？」

ヒギンズ氏「当時はあらゆるメディアがデジタル移行期にあり、その中で新しいものを先取りするでもなく古い型のままで勉強していても面白くないと思ったんだ」

私は「さすが、先見の明をもっている。決断力がある人だな」と感服させられた。

ヒギンズ氏は大学を中退後、ランジェリー会社の会計を担当する事務員や人権団体NGOの事務員など、職を転々としながらサラリーマン生活を送るごく普通のイギリス人だった。しかしたった一つ、家の中で繰り広げられていたある行動が、ヒギンズ氏を知らず知らずのうちにジャーナリストの道へと導いていた。それは趣味で始めたブログだ。きっかけとなったのが2011年から続くシリア内戦だ。ヒギンズ氏は連日次々とSNSに投稿される膨大な動画や写真を記録してきた。前述の通り、オスロ条約で使用禁止が定められたクラスター爆弾をはじめ、戦闘で使用されてきた武器の種類や武器輸入のルートを割り出すなど、独自に取材を進めてブログで発信。パソコン一台を手に、一人のブロガーが大手メディアもできなかった調査を行い、成果を上げていた。BBCやCNNなど欧米メディアはこぞって彼の調査を取り上げ、一躍時の人となった。

ヒギンズ氏「とはいえ、自分もジャーナリストとして活躍できるかと思い、BBCに応募したけど採用されなかったんだけどね」

樋爪「もし採用されていたらベリングキャットはなかったかもしれない？」
ヒギンズ氏「どうだろうね」

「シリア内戦」に精通したブロガーとして注目を集めながらも、いわゆるオールドメディアには採用されることがなかったヒギンズ氏。しかし、それから3年後には、ニューメディアとして「ベリングキャット」を立ち上げている。自らが積み上げてきた調査を、仲間を集めてより多くの人に共有しながら残していきたいという思いからだった。その直後に起きた事件が、ヒギンズ氏の運命を大きく変えていくことになった。

## OSINTに火をつけた「MH17便事件」

2014年7月、ウクライナ東部の上空で、オランダ発マレーシア行きのマレーシア航空17便（MH17便）が撃墜され、乗客・乗員298名全員が死亡した。犠牲者の国籍は10ヵ国にも及び、なかでもオランダがいちばん多かった。事故が起きたのはロシアの支援を受ける親ロシア派武装勢力が支配するウクライナ東部だった。その年の3月から、ロシアによるクリミア半島への侵攻により、緊迫状態が続いているウクライナ。事故は親ロシア派の武装勢力による仕業か、それともウクライナ軍の仕業なのか、激しい論争が起きていた。一方、ＳＮＳ上では、墜落前日から当日にかけて、ミサイルを載せた車両の目撃情報とともに動画や写真が次々と投稿されていた。

「ベリングキャット」を立ち上げて間もないヒギンズ氏は、ＳＮＳで呼びかけながら仲間を増やし、ミサイルを載せた車両を捉えた動画や写真を収集。そして一つひとつを、「いつ」「どこ」で撮られたものなのか、映り込んでいる物から手がかりを探し、デジタルツールを駆使しながら特定していった。

その過程で大きな発見となったのが、４発のミサイルを搭載した車両の写り込んだ一枚の写真だった。車両とともに写り込んだ店の看板を手がかりに、その住所を洗い出し、そのエリアを記録した映像や衛星画像を使って照らし合わせ、場所を特定していくと、ウクライナ東部の町であることがわかった。次に写真に写り込んだ建物の影を手がかりに、その日の太陽の動きから時間がわかるツールを使って撮影された時間を割り出した。すると、ＭＨ17便が墜落した時間のわずか数時間前に撮影された写真であることが判明した。

こうして地道な作業を繰り返しながら何百もの動画や写真を検証し、「Ｂｕｋ《ブーク》」と呼ばれるロシア製の地対空ミサイルを載せた車両の足取りを突き止めていった。ＭＨ17便が撃墜された翌日には、ミサイルが一発なくなっている状態でウクライナからロシアに向かって走り去る車両の動画も見つけ、それが決定的証拠となった。これらは市民たちによってSNSに投稿されていた公開情報、いわゆるオープンソースだ。

しかし、ヒギンズ氏たちのオープンソースによる追及はそこでとどまることはなかった。その車両に乗っていたのは誰だったのか。ロシアの言語や文化に精通したメンバーたちの力を借りて、ロシア軍の兵士たちのSNSを徹底調査。さらには兵士の母親たちが前線に行く子どもたちの情報交換をするためのコミュニティサイト「マット・ソルダータ MAT SOLDATA（兵士の母親）」まで調べ上げた。そしてロシア軍の兵士たちが乗っていたことを突き止める。ここからもMH17便を撃墜したのはロシア軍だということを裏づける重要な証拠を摑んだのだ。

ヒギンズ氏ら調査に関わったメンバーたちは4ヵ月かけて報告書をまとめてウェブサイトで公開した。それは、MH17便事件を担当していたオランダの検察庁が主導する「国際合同捜査チーム（Joint Investigation Team）」にとっても重要な証拠となった。

その後もヒギンズ氏たちは調査の規模を拡大させていった。ウクライナ東部に駐留していたロシア軍兵士の電話傍受の記録を入手し、SNSから人物を割り出して、動画を見つけ出し、電話傍受の声と比較する声紋分析まで行い、粘り強く追及し続けた。そして事件から5年経った2019年。遂に「ロシアからウクライナ東部へのミサイル運搬の指示を出した責任者4人」を割り出したのだ。その中には、「ロシア連邦軍参謀本部情報総局(GRU)」のメンバーも含まれている。

2021年12月、責任者たちはオランダ国内の裁判所で、殺人の罪で終身刑を求刑され、現在も係争中だ。亡くなった298人の遺族たちも裁判のたびに出席し、ロシア政府が頑なに否定する「MH17便墜落の真実」を求め続けている。私はオランダで撃墜事件の遺族の一人に面会した。オランダ人のハンス・デ・ボストさんは、一人娘のエルゼミークさんを失った。まだ17歳だったエルゼミークさんは、大学に入る前の夏休みをマレーシアで過ごす計画だった。エルゼミークさんから届いた出発の知らせのメッセージに、ハンスさんは「良い空の旅を」と返信。そのやりとりが二人の最後に交わした言葉となってしまった。ハンスさんは、自分たちが堂々とロシアを非難できるのは、「ベリングキャット」のメンバーたちが事件の過程を揺るぎない証拠でもって公開し、世界中の人が共有できるようにしてくれているからだと語った。

樋爪「あなたにとって『ベリングキャット』はどんな存在ですか？」
ハンスさん「もし彼ら（『ベリングキャット』）が調査を行わなければ、調査はもっと難航し、遅れていたかもしれない。デジタルの発展もあるだろうが、決してそのおかげではない。彼らの地道な努力のおかげなのだ」

ヒギンズ氏らメンバーたちは、ウェブサイト上で、一つひとつの調査のプロセスを詳細に説明している。ヒギンズ氏がいつも口にするのは、「証言は変わることがあるが、動画は嘘をつかない」ということ。だからこそネット上に転がる膨大な動画や写真という情報の「原石」を見つけ出し、調査の証拠という「宝石」に丁寧に磨き上げる。さらに、その調査報道のプロセスを包み隠さず公開することで結果に対する透明性と信頼性を担保する。地道な作業の積み重ねが、事件・事故の被害者からも絶大な信頼を受ける所以《ゆえん》だ。

## ＯＳＩＮＴが持つ社会的役割

番組で取材したＯＳＩＮＴのエキスパートたちの中には、この手法が社会にもたらす影響を研究する人たちもいる。その一人がアメリカ・カリフォルニア大学バークレー校のヒューマンライツセンター長アレクサ・ケーニッグ氏。彼女はＯＳＩＮＴの役割をこう評した。

「ＯＳＩＮＴは創造力が求められる仕事。データをパズルのように組み合わせ、世界中の事件の情報をネットの海から探り出す。これまで存在しなかった職業が生み出されている」

私は彼女の言葉に合点がいった。ＯＳＩＮＴは情報をパズルのピースのように組み合わせながら謎を一つひとつ解いていく調査なのだ。同時にそこには「コロンブスの卵」のような閃きも求められる。決して容易ではなく、地道な作業だが、これまで未解決とされてきた問題が、今後この新しい調査方法で次々と解明される大きな可能性がある。

ＯＳＩＮＴの歴史はまだ浅い。この手法が可能になったのは、１９８０年代にインターネットが登場してからだ。それまでは、HUMINT《ヒューミント》（Human Intelligence）と呼ばれる人を介した〝足で稼ぐ〟情報収集の手法や、SIGINT《シギント》（Signal Intelligence）と呼ばれる通信やレーダーなどを用いた傍受に頼る情報収集が主流だった。こうした活動は、主に各国の情報機関などが自国の安全保障のために行うものだった。しかし、とりわけ２０００年代以降の急激なＩＴの発展と普及により、誰もがネットの世界に触れられるようになり、それまで政府のものだとして秘匿されてきた情報が公的なものになったことで、一般市民の誰もがこうした手法を使って調査することが可能となったのだ。

そのカギとなったのは、前述のアレクサ・ケーニッグ氏によれば、①衛星画像、②カメラ付き携帯、③ＳＮＳ、④公的データへのアクセスの増加だ。

１９９９年に初めて商用の地球観測衛星イコノスが宇宙に打ち上げられた当時、衛星画像を入手するためには高額な費用が必要だった。それがこの20年の間に無料で誰でも見られるようになった。

次に登場したのが、カメラ付き携帯だ。この存在のおかげで、今や「人類みなカメラマン」といわれる時代となった。カメラ付き携帯で撮影された写真や動画は今、ＳＮＳでほぼリアルタイムで共有される。こうした私的なデータと、あらゆる公的機関が提供する情報サービスのデータを組み合わせれば、何かを追及する際の決定的証拠となりうるのだ。

## 引き込まれていった「デジタルハンター」の世界

実はヒギンズ氏に出会う前は、私は「ベリングキャット」の存在を知らなかった。きっかけは、ＮＨＫの関連団体であるＮＨＫグローバルメディアサービス（以下、Ｇメディア）

のプロデューサーに声をかけられたことだった。

「『ベリングキャット』って知っているか？　ほんとに人生変わるかもよ」

話を聞くと、Gメディアの国際映像部に「ベリングキャット」のワークショップを受講した人がいるという。Gメディアの国際映像部はNHK報道局を舞台に、24時間体制で海外から伝送される膨大な映像を第一報として伝えるに値する素材かどうか検証を行っている。いわゆる放送を支える縁の下の力持ち的存在だ。とりわけクレジットのない市民動画は、その信憑《しんぴょう》性が問われる。ゆえに彼らは「ベリングキャット」が開催するワークショップを海外で受講し、あらゆるツールを使って分析するスキルを磨いていたのだ。

私は、Gメディアの国際映像部が勉強会を主催するというので、早速参加した。SNS上の動画や写真の信憑性を探るには、誰もがアクセス可能なネット上の無料ツールを使えば、いつ、どこで、何が起きたのか、位置や時間、そしてそこに映るヒトやモノの情報まで多角的に分析することができることを学んだ。市民が何気なく撮影した動画でも、その一つひとつをパズルのピースのように組み合わせれば、社会を変える潜在能力を秘めているかもしれないのだ。考えてみればデジタル社会に生きる我々は、日々情報の海に飲まれ、大事な〝証言〟を見過ごしながら生きているのかもしれない。市民動画がスクープ映像としてメディアに登場してから久しいが、私はその市民動画が持つ可能性に改めて衝撃を受けていた。そして数日後には「ベリングキャット」を番組にしたいというプロデューサーのもとでチームが組まれた。指令を受けたのが、NHK国際放送局で「NEWSROOM TOKYO」という海外向けの英語ニュース番組を制作する私と同僚のGメディアの髙田里佳子ディレクターだった。

取材に取りかかったのは2019年秋。新型コロナウイルスが世界を覆い始める前で、海外ロケがまだ可能だった頃だ。私は髙田ディレクターと手分けして、世界に散らばるOSINTを華麗に操るエキスパートたちに会いに行くことになった。「ベリングキャット」は設立からすでに5年が過ぎていた。メンバーたちは次々とBBCやニューヨーク・タイムズなど名だたる報道機関やシンクタンクなどにスカウトされ、各々が活躍し始めていたときだった。

## 強固なネットワークはRPGの発想転換から

ヒギンズ氏率いる「ベリングキャット」は、2022年2月現在、およそ30名のフルタイムメンバーが世界中に散らばっている。そのほとんどがジャーナリストの経験を持たない人たちだ。「市民がジャーナリズムの新たな地平を切り開いた」と言われる所以でもある。当時、私が取材をしていた時点で、フルタイムメンバーは銀行の顧客情報を管理する部門で働いていたアメリカ人、警察のサイバー犯罪捜査分析官だったオランダ人、軍人としてアフガニスタンへの駐留経験を持つイギリス人、ヒッチハイクで世界を旅して回っていた学生など、20代、30代の若き「デジタルハンター」を中心に職歴も非常にバラエティに富んでいる。〝唯一〟彼らに共通しているのは、旺盛な「好奇心」と「探求心」だ。

彼らは基本的にはオフィスにいることはない。SNSでやりとりするなどオンライン上でつながりながら活動している。ネットがあれば自分たちの拠点はどこであろうと大差ないからだ。ゆえに彼らは「カウチ・インベスティゲーター（椅子に座った調査員）」とも呼ばれている。10年ほど前、パソコン一つでどこでも働けるようになった時代の象徴として「ノマド・ワーカー」という言葉が流行したが、彼らも手元に椅子とノート型パソコン一台があれば、あとはオンラインでつながるだけで、いつでもどこでも事件や事故の真相に迫れるのだ。ヒギンズ氏にとっては、かつてのブロガーとしての経験の延長線上とも言える。コロナ禍が常態化した今、ある意味リモートワークの先駆けとも言える集団だ。ＭＨ

17便事件を例に取れば、ロシア語が堪能な人、軍事知識に長《た》けた人、ロシアやウクライナの文化に詳しい人、そして空間認識力が必要とされる3Dデザイナーまで、それぞれが互いを尊重し、得意分野を思う存分活かして、調査を行ってきた。ネット空間で、こうした揺るぎないネットワークがすでに確立されているのだ。

ジャーナリズムの経験がなくとも仲間としてつながり、互いの得意分野を活かしながら情報交換し、問題を解決していくスタイルを構築したのは「ベリングキャット」最大の強みだと言える。そしてオンライン上で顔も見たことのない他人同士が知恵を出し合い問題を解決し、ゴールに向かう。実はこのプロセスは、パソコンやスマホで遊ぶオンライン・ゲームのジャンルの一つ、「ロール・プレイング・ゲーム（RPG）」のスタイルだ。ヒギンズ氏は、自身の経験から着想を得たのだという。

「僕はかつて、オンラインのRPGが大好きなゲーマーだった。その経験が今に活きている。インターネットを通して謎を探るためには、世界の仲間と協力し合うことが必要不可欠。まさにオンラインゲームで身につけたやり方だよ」

ヒギンズ氏は、嬉しそうに過去を振り返りながら、独自のネットワーク作りの裏話を語ってくれた。自らの経験と発想の転換が「オープンソース・インベスティゲーター」(私たちは通称「デジタルハンター」と呼んでいる)という新たな職種を生み出したのだ。「ベリングキャット」を支えるメンバーはフルタイムの30人だけではない。国際的な調査団体、シンクタンク、人権団体などの組織やフリーランスのインベスティゲーター(調査員)、そして市井のボランティアなど、調査するテーマ別に多くの人たちが関わっている。目下、ヒギンズ氏たちが全力を集中させている「ロシアのウクライナ侵攻」についての調査も、ウクライナ国内からも非常に多くの市民たちがボランティアで情報を共有し、ロシアの「戦争犯罪」を継続取材中だ。ここからまた新たに、「デジタルハンター」を生業とする人たちが生まれてくるに違いない。

その起点はすべてＭＨ17便事件の調査にある。もしヒギンズ氏がこの事件に足を踏み入れることがなければ、辿り着くことはなかったかもしれない。とはいえ、人の命に関わる案件は決してゲーム感覚で続けられるものではない。不正を徹底して追及し政府や権力に立ち向かうため、命を狙われるリスクを孕《はら》んだ調査に挑む覚悟が求められる。礼賛され、注目される裏で、「権力に立ち向かう覚悟」と「継続は力なりという信念」の両方を兼ね備えていなければ、この仕事を生業としていくことは難しい。

## 進化していく調査報道

今ではBBCやニューヨーク・タイムズなどのオールドメディアにメンバーたちがスカウトされ、仲間を増やしてネットワークを作っていくだけでなく、対等に共同調査を行うほどOSINTの認知度を一気に押し上げた「ベリングキャット」。この動きこそ、実は私が何より大きな衝撃を受けたことだった。私が身を置く日本のテレビなどのいわゆる放送業界においては、人材の囲い込みが前提であり、一子相伝ともいうべき手法で、各社それぞれ独自取材にこだわり放送してきた歴史があるからだ。一方で、欧米メディアに目を向けると、そうした伝統的スタイルは徐々に壊され始めている段階にある。オールドメディアにとっては、「ベリングキャット」のようなオープンソースによる調査集団、そしてアムネスティ・インターナショナルのような国際的な人権団体などと共同で調査を行うことが調査報道の新たなスタイルとして定着しつつあるのだ。

たとえば、CNNと「ベリングキャット」は、2020年12月、ロシアの反体制派指導者、アレクセイ・ナワリヌイ氏の毒殺未遂事件について共同調査を行い、ロシアの情報機関FSB（連邦保安局）が起こした事件の全容を暴いて、スクープとなった。「ベリングキャット」はネット上の情報を徹底調査し、CNNは現場でその裏付け取材を行い、互いの情報を補完し合う形で調査の結果を積み上げ、事件の真相を突き止めたのだ。それぞれが自分たちのスキルと能力を使って、互いの調査を補完し合い、リスペクトし合う。もはや事実を追求するのに一社独占では追いつかなくなっているともいえる。とりわけスピードが求められる事件や事故については、なおさらその連携が求められる。

日本にもやがてこの潮流がやってくるのだろうか。「ベリングキャット」の取材をしながらふとそんなことを考えていた。

## コロナ禍で一気に注目されるようになったOSINT

ヒギンズ氏たちをはじめとした「デジタルハンター」たちを取材した番組は、まず最初に英語放送のNHK国際放送局で2020年4月に「Digital Detectives（デジタル探偵）」というタイトルで放送された。そしてその1ヵ月後の2020年5月、「デジタルハンター～謎のネット調査集団を追う～」としてBS1を通じて日本国内で放送された。制作途上だった2020年3月中旬には、新型コロナの感染拡大によって制作の一時中断を余儀なくされたこともある。そんな先行き不安定な時期を乗り越え、世の中が徐々にコロナ禍に慣れ始めていた頃だった。

「本当にこんな人たちがいたの？」
「日本は世界の報道機関からほど遠いところにいるのでは？」
「コロナ禍にぴったりの仕事だね」

放送後、視聴者に加え、上司や仲間からも「ヒギンズ氏たちの功績を初めて知り、衝撃を受けた」という声が多かった。一方で、国家が隠蔽するような情報を民間人が暴くことができるということに対する驚きとともに、彼らの身の安全は担保されているのかというリスク面に関する指摘も受けた。権力側にとって都合の悪い真実を市民が暴けば、権力側は情報規制をして〝応戦〟する。こうしたいたちごっこが繰り返されるほど、情報戦はますます過激になっていく。そうした未来を心配する声もあった。そして何より、欧米ではすっかり浸透していたＯＳＩＮＴだが、日本ではまだまだ「未知」の世界であり、今後日本で広まっていくであろう可能性を秘めた手法であると認識できた瞬間だった。

番組が終わってみれば、一緒に制作してきた同僚の髙田ディレクターとともにＯＳＩＮＴの魅力にすっかり引き込まれていた。そして二人で時間を見つけては日々流れる世界のニュースで映し出される映像や画像の情報から「場所・人物・物」を特定する〝訓練〟を始めるようになっていた。

その指南役となってくれたのが「デジタルハンター」の番組で取材したベンジャミン・ストリック氏だ。「ベリングキャット」のコントリビューター（寄稿者）として、ミャンマーのロヒンギャ虐殺の真相やインドネシア政府の〝情報操作〟の調査をし、実績を上げていた。２０１８年、ストリック氏はＢＢＣが立ち上げたアフリカの紛争地域に特化したＯＳＩＮＴ調査チームのコアメンバーとして採用され、カメルーンでの母子殺害事件の真相を調査する中心的な役割を果たすことになった。拡散されていたたった一つの動画からその場所はどこなのか、誰がいつ殺害したのかを徹底的に調べ上げていた。そして頑なに否定してきたカメルーン政府にその事件が事実であったことを認めさせたのだ。

ストリック氏は衛星画像を使って場所を特定する「ジオロケーション」を得意とする。広大で地形が複雑な稜線が続く山脈など、一目では特定が不可能と思われるような場所でも根気とセンスで見つけ出してしまう。そんな類いまれなスキルを持つ彼は、いつも気さくに「こんなツールがあるよ」とＯＳＩＮＴに便利なツールを教えてくれ、視野を広げてくれる頼れる存在だ。

振り返ればその手ほどきは、私が取材を終えて帰路につくためのロンドン・ヒースロー空港からすでに始まっていた。搭乗時間を待っていた私は、その場で撮った写真とともに「まもなく日本に帰ります」とメッセージをストリック氏に送った。すると彼から数分も経たないうちに「今ここにいるね」というメッセージとともに、私の居場所をピンポイントで示した画像が送られてきた。私は驚き、背筋が凍る思いがした。すぐに髙田にそのことを共有した。

樋爪「ストリック氏に自分の居場所をあっという間に見つけ出されてしまったよ」
髙田「すごいですね。でも居場所がわかってしまうのは、ちょっと怖さもありますね」
樋爪「でもこれって、報道となったときにより重要になってくるよね」
髙田「そうですね。これは何か起きたときに情報を正確に得るには絶対外せないテクニックですね」

ストリック氏は私が送った写真に写る特徴から場所を割り出したのだ。私が空港内のどこにいるのか、その居場所を見つけるのは彼にとっては〝お遊び〟レベルだ。しかし誰でも最初からそんなスキルを身につけているわけではない。経験がものを言う世界だ。前述の通り「ベリングキャット」を誕生させたＭＨ17便事件の真相も、すべてはこの手法から始まった。

実はこの「ジオロケーション」は、「デジタルハンター」たちがツイッターを通じてクイズ形式で一般の人たちに広めてきたテクニックでもある。誰もが楽しみながらそのスキルを身につけてほしいという狙いがあるという。アカウント名＠quiztimeにアクセスすれば、ＯＳＩＮＴのエキスパートたちが提示する画像の場所の答えを探ることができる。

画像に写る人物や物体はいったい何か？　どこなのか？　情報が一切わからない場合、最初にするのは「リバースイメージサーチ（画像検索）」だ。ネット上の画像サーチ機能、通称「リバースイメージサーチ」で画像を検索。すると、類似した写真がサイト上に複数上がってくる。そこから同じ画像を探し出せれば、知りたい情報を引き出すことができる。同じ画像が探し出せない場合でも、画像に写る場所や物をヒントに、グーグルマップなどネット上の地図で検索することもできる。

ネット上には、何気なく撮影された動画や写真が無限に投稿され続けている。その切り取られた情報一つひとつを検索していくのは、相当な忍耐と根気が求められる。それでもその中に、実は〝大発見〟となる〝真実〟が埋もれている可能性がある。一方で、「これだ」と信じていた情報が、この機能を使うことで、実は違うものだったと判明することもある。「情報の海」にどう飲み込まれないように泳ぎきるか。それをこれほどまでに意識したことはなかった。

## 足踏み状態のパズル道場

こうしてコツコツとOSINTの手法を習得し始めていた中、私も高田もしだいに焦燥感に駆られていくようにもなっていた。「デジタルハンター」の番組を取材するにあたり、「私たちも使いこなして調査できるようになりたい」と意気込んでいたものの、そのテーマを何一つ見つけ出せず、「有言実行」にはまだほど遠いところにいると感じたからだ。

そこで、二人とも原点に立ち返り、一念発起して「ベリングキャット」が開催するワークショップを受講。並行して、ネット上で開催されているOSINTテクニックを習得する講座も受講し、どんな調査に向いていて、どんなインパクトを社会にもたらしているのかを分析しながら、日々進化し続けるデジタルツールに対応できるスキルを磨いていこうと意気込んでいた。ヒギンズ氏をはじめ、取材をした「デジタルハンター」たちとも連絡を取り合いながら、「実践できるモデルは何か？」について模索の日々が続いた。

最初に着目したのは、２０１４年の雨傘運動に始まった香港での若者たちによる民主化デモ。２０２０年当時は、中国本土の法律「国家安全維持法」の香港への適用が審議されるという報道が出回り、反発する市民たちが抗議活動を行っていた。その活動を取り締まる警察側が手にする武器の種類は何か。そこから何か糸口が見えないだろうか。ネット上の映像の素材を集めてみたものの、なかなか一つの物語にのせてプレゼンできる形には成就させることができなかった。

次にターゲットとしたのは新型コロナの集団感染が起きた豪華客船ダイヤモンド・プリンセス号。この船中で過ごした人たちが撮影し、投稿したＳＮＳから、船内という見えない密室で、何が起きていたのかを探ることができないか？　私たちはＳＮＳに上がっている動画や写真を収集しようとネットサーチを始めた。目についたのは連日部屋に閉じこもる乗客たちに配給された食事の写真だった。しかし、それ以外、報道されるニュース映像を越える彼らの日常を捉えた素材は見つからなかった。

「ＯＳＩＮＴというパズルのピース」が引き寄せ合う「調査対象となるピース」がなかなか見つからない。「情報の海」には確実に探してほしいというシグナルを出し続けている事象があるはずなのに……それにもかかわらず、私と髙田の頭の中には「諦める」という選択肢はまったくなかった。

「コロナ禍が常態化し、人の往来が自由にできなくなったことで、ますます何が起きているのか見えにくくなってくるものもあるはず。否、見えなくされているものがあるはずだ」

二人ともそんな確信だけはあり、多少の意地もあったのかもしれない。それでも、私たちがＯＳＩＮＴの可能性を信じることができたのは、やはり取材後も次々と新たな事件・事故の真相を解明し続ける「デジタルハンター」たちの存在が大きかった。

コロナ禍1年目となった２０２０年夏、欧米を「ブラック・ライブズ・マター運動」が席巻していた頃、アメリカで黒人が警察官に銃殺される事件が相次いだ。隠蔽されかねない真相を暴いたのはニューヨーク・タイムズのＯＳＩＮＴ専門チームだった。その年の締めくくりの12月には、前述の通り、「ベリングキャット」が、ロシアの反体制派の指導者アレクセイ・ナワリヌイ氏の毒殺未遂事件の真相をＣＮＮとの共同調査で暴いている。

「ＯＳＩＮＴを習得できれば、社会に確かなインパクトを与え、世の中を変えられると実感する機会が生まれる。いろんなやり方で世界をよりよくできる」

私と髙田はヒギンズ氏の言葉に引っ張られ、粘ってきた。そして、気づけば取材を始めてから1年以上が過ぎていた。

# 第2章　クーデター発生！　ダイニング・キッチンでの闘い（樋爪かおり）

## 突然届けられたパズルピース

「クーデターだ！」

「え？」

「クーデター！」

「え？」

「クーデター。クーデター。とにかくそれだけを知らせたかっただけだから。一度切るよ」

2021年2月1日　日本時間午前5時半過ぎ。
空もまだ暗い中、いつも目覚まし時計代わりに枕元に置いているスマホが鳴った。それがミャンマーで軍事クーデターが起きたことを知らせる一報だった。

2015年に出会って以来、取材を重ねてきたビルマ人夫妻、ウィン・チョウさんとマティダさんからの電話だった。たまたま着信音に気づいて電話に出ることはできたものの、かなり焦った声で知らされた言葉に、私の頭はまったく追いつけずにいた。3回言い直されてようやく言葉の意味を理解したほどだが夫妻にとって、この知らせは「悪夢の再来」を意味した。30年以上日本に暮らしてきた夫妻は、祖国で国軍による独裁が続いていた1988年、民主化運動に参加。その後、軍側に命を狙われて国を離れることを余儀なくされた過去を持つ。

通称ミャンマー（日本政府による正式名称は「ミャンマー連邦共和国」）と呼ばれるこの国は、かつて「ビルマ」と呼ばれていた。1988年に起きた大規模な民主化運動を鎮圧した翌年、国軍は軍事政権を維持する中、国名を「ビルマ」から「ミャンマー」に変更。同時に当時首都であった最大都市「ラングーン」も「ヤンゴン」へと名称を変えた。しかし、夫妻は国軍による国名の変更に抗議の意思を示し、今も国名を「ビルマ」と呼び続けている。そして「ミャンマー人」と呼ばれるよりも「ビルマ人」と呼ばれることを望む。私は夫妻の意思を尊重し、彼らの前では「ビルマ」、そして「ビルマ人」と呼ぶようにしている。そんな二人が過ごしてきた日本での時間は、「ビルマ」で過ごしてきた人生よりもすっかり長くなってしまった。

ウィン・チョウさんは1989年11月に来日した。1988年の民主化運動は事実上、国軍により鎮圧されたが、彼自身は仲間とともに軍事政権への抗議活動を続けていた。その活動が国軍の知るところとなり、いよいよ命を狙われると身の危険を感じ、国外に逃れることを決意。現地で知り合った日本人の伝手《つて》を頼って日本行きのビザを取得した。そして人生で初めて飛行機に乗り、タイ経由で異国の地を踏んだのだった。ウィン・チョウさんが来日した当時、日本はいわゆるバブル真っ只中で、とりわけ飲食業はいつでも人手不足で仕事には困らなかったという。飲食店での皿洗いから始め、徐々に厨房を任されるようになり、アルバイトを転々としながら生計を立ててきた。「日本語もまったくわからないままだったが、とにかく生きていくのに必死だった」とウィン・チョウさんは当時を振り返る。

マティダさんは、1991年3月に来日した。きっかけは、1988年当時、商社マンとして駐在していた一人の日本人男性の計らいによるものだった。マティダさんとは家族ぐるみで親しくしていたその日本人は、民主化運動が始まると、日本政府からの要請もあり、帰国した。それから3年を経た1991年、マティダさんの母親のもとに一本の電話がかかってきた。

ビルマ人夫妻のウィン・チョウさんとマティダさん

「どなたですか？」

「娘さんは無事ですか？　無事なら伝えてほしい。ビザを発行しているので、すぐにパスポートを用意するように」

　電話の相手は駐ミャンマー日本国大使館のスタッフだった。マティダさんの母親は黙って電話を切り、とにかく娘の命を守りたいと奔走した。そして誰にも告げることなく、パスポートを用意したのだ。マティダさんは、民主化運動に身を投じて以来、国軍の監視下に置かれ、いつ命を狙われるかわからない状況が続いていた。一人娘だったマティダさんのため、母親は「安心して暮らすためには海外に送るしかない」と覚悟を決めた。そして二度と会えなくなるかもしれない娘のために新しく洋服をあつらえ、マティダさんを身一つで日本に送り出した。無事に日本に到着したマティダさんは、助け舟を出してくれた日本人男性の家族のもとに居候の形でしばらく滞在した。その後、一刻も早く日本の生活になじみたいと飲食店でのアルバイトを見つけ、テレビを見ながら独学で日本語を習得し、自立の道を選んだ。

その直後にマティダさんはウィン・チョウさんと出会い、1週間後には結婚したという。二人は、日本政府から在留特別許可を得て暮らしてきた。そして、ともに長年自宅軟禁されていたアウン・サン・スー・チー氏の解放を遠い異国から訴え続けてきた。同時に「鎖国化」した祖国で困窮する人たちのため、わずかでも助けになりたいと、自分たちの生活費を削って生活資金や物資を送り続けてきた。その中には、国軍がクーデターを起こした理由だと主張する2020年に行われた総選挙で当選した議員も数多くいる。だからこそ、今回のクーデター発生の情報もいち早く摑むことができたのだった。

電話を切った後の午前6時過ぎ。

夫妻からSNSを通じて現地の動画が送られてきた。自宅と思われる場所からビルマ語で、外にいる迷彩服の人物に何やら訴え続けている。私はビルマ語をまったく理解できない。それでも殺気漂う雰囲気の中、必死に抵抗している様子は伝わった。後に、それはミャンマー中部・バゴー管区の地方議員の家に軍人たちが拘束しに来た際の映像だということがわかった。

「不当だ」という証拠を残すため、議員の家族が決死の覚悟で、スマホで撮影したのだという。議員の家族は「仲間の議員たちが拘束された」という情報を受け、「自分たちのもとにもやってくる」と覚悟していた。その時が来たら撮影して世界に発信しようと考えていたのだという。その狙い通り、この動画はメディアを通じても世界に配信され、当日の緊迫感を象徴する動画となった。

「ミャンマーでクーデターが起きたようです」

まだ早朝だったが、私は夫妻からの情報を受け、すぐに自分が担当するNHK国際放送局のニュース番組「NEWSROOM TOKYO」のプロデューサーにメールで一報を入れた。

## クーデターへの抗議が駆けめぐったSNS

国軍がクーデターを起こした2021年2月1日は、午前10時から首都・ネピドーで、ミャンマーの国会にあたる連邦議会が始まり、アウン・サン・スー・チー氏率いる国民民主連盟「NLD」による政権の2期目を迎えるはずだった。今から振り返れば不穏な予兆があったことも確かだった。クーデターが起きるわずか1週間ほど前の1月26日に行われた国軍による記者会見で報道官がこう発言した。

「総選挙の不正問題を解決しないのであれば、憲法の範囲で国軍がクーデターを起こさないとは言えない」

国軍の報道官の発言は、ウィン・チョウさん夫妻を含め、日本にいるミャンマー人たちにも当然伝わっていた。それでも実際にクーデターが起きるとは誰も信じていなかった。そうした経緯もあり、私はその時もまだ、「クーデターが起きた」という夫妻の知らせに対し、百パーセント信じることができずにいた。否、信じたくない思いでいっぱいだったというほうが正しいかもしれない。

というのも、この日は夫妻が発起人である、民主化を掲げる国民民主連盟「NLD」による政権2期目の始動を記念したプロジェクトを取材しようとしていたからだった。夫妻は、日本にいる親しい仲間から寄附金を募り、現地に住む日本人に支援金を託し、貧しい地域の子どもたちに１００人分のカレーを振る舞いたいと考えていた。ミャンマーに根付く寄附文化を通して新たな政権発足を祝うはずだった。前夜の午後11時頃、ウィン・チョウさんからの電話を取ると、嬉しさのあまり、興奮ぎみに自らの決意を語ってくれていた。

「いよいよ明日、国会が始まる。まだまだだけど民主主義の国を作るため、これからが正念場。難しいことばかりだけど楽しみで仕方がないよ」

それからわずか数時間後に、軍によるクーデターが始まったことを知らせる電話を受けることになってしまったのだ。この時の衝撃を私は生涯忘れられないと思う。

午前7時。

ウィン・チョウさん夫妻の電話を受けてからは、スマホを手にネットやＳＮＳ検索で、「ミャンマー、クーデター」「coup, Myanmar」と交互に入れながら、検索し続けていた。日本語と英語ではヒットすることはなかった。しかし、この時間になると、SNSの検索ワードからは、ミャンマーでクーデターが起きたことを知らせる英語の文面が増え始めてきた。慌ててテレビをつけ、BBCワールドとCNNワールドを交互にザッピングしながら確認し続けた。しかし、何もそのような兆候を示すニュースは流れていなかった。

午前8時。

BBCワールドを再びチェックすると「Myanmar Coup?」というタイトルとともに、ミャンマーでクーデターが起きた模様だと伝える速報が流れはじめた。続けて「与党・国民民主連盟（NLD）の党首であり、国家顧問のアウン・サン・スー・チー氏が国軍に拘束された」とも報じられた。

SNSには都内に住むミャンマー人たちから、「クーデターを許さない」「渋谷の国連大学前でのデモに参加しよう」というメッセージが送られてきた。フェイスブックのタイムラインも瞬く間にクーデターに抗議する投稿であふれかえった。もちろんウィン・チョウさんとマティダさんも、自宅の仏壇の写真とともに抗議のメッセージを投稿していた。

「クーデターは絶対許さない。拘束者をすぐ解放せよ」

投稿は、抗議の意思を示すとともに、ミャンマー国内にいる仲間たちの安否を確かめるための手段でもあった。しかし、その国内からの情報が途絶え始めていた。各メディアが報じる情報によれば、国軍が情報統制を図ろうと、インターネットへのアクセスを遮断しているらしいということだった。

午前11時。

私は当日の夜に放送予定のニュース番組「NEWSROOM TOKYO」でレポートを出すことになり、昼から行われる予定の国連大学前でのデモにカメラを持って向かった。この日は月曜日で週の始まりにもかかわらず、現場では、およそ１０００人のミャンマー人が集まっていた。みな一斉に、可能な限りの声を振り絞り、抗議していた。参加者の多くは20代を中心とした若者たちだった。２０１６年、アウン・サン・スー・チー氏の政権が誕生して以来、専門学校や大学に通う留学生、そして技能実習制度を通じて、とりわけ20代の若者たちが日本に来るようになっていたからだ。スマホを手に、フェイスブックのライブ配信でその様子を故郷にいる家族や友人たちに伝えようとしていた。現場はまるで２０

10年に、中東・北アフリカ地域の各国で始まった「アラブの春」を彷彿させる熱気に包まれていた。

ウィン・チョウさん夫妻はアウン・サン・スー・チー氏の額縁入りの写真を抱えて、最前列に立っていた。私はマティダさんに尋ねた。

樋爪「この写真にはどんな思いが込められているのですか」

マティダさん「この写真は、私たちが25年ぶりに帰国できたとき、現地の友人がお祝いにプレゼントしてくれました。だからこそ、私たちの希望をすべて奪われた悔しさを世界にわかってほしいという思いで持ってきました」

## 民主化とデジタル化の波

2011年の民政移管後、ミャンマーでも急激に普及してきたスマホ。それまではおよそ30万円、SIMカードもおよそ15万円する高価なもので、当然、一部の富裕層しか手にすることはできなかった。2013年に通信市場が自由化して以降は、スマホもSIMカードも一気に値段が下がり、安価で誰もが手に入れられるようになっていった。

２０１６年３月、およそ半世紀にわたって続いてきた軍事独裁が終わりを告げようとしていた時、私は、歴史的な政権交代前夜のミャンマーを現地取材した。初めて訪れた彼の地は、つい数年前まで鎖国状態だった国とは思えなかった。最大都市ヤンゴンで取材した若者たちの手には、日本で見られる光景と同じくスマホがあった。ミャンマーではＳＮＳといえばフェイスブックがいちばん利用されている。カメラ機能でさまざまな日常を撮影し、フェイスブックに投稿して、自分たちの生活を共有していた。それ以外の時間も、ドラマを見たり、ゲームをしたりと、生活がスマホを中心に回っていると感じられた。それは、人々の生活が徐々によい方向に向かい、民主化への道を歩んでいるということを示す一つの象徴でもあった。

そしてアウン・サン・スー・チー氏率いる国民民主連盟「ＮＬＤ」による政権交代が実現してからは、「スマホは老若男女問わず一人１台」と言っても過言ではないほど一気に全土に普及していった。

「今日の朝食はモヒンガー」
「新しい靴を買ったよ」
「ジムに通い始めました」

動画や写真とともに投稿された情報は、何気ない日常であっても、「鎖国状態」だった祖国を離れ、長年海外に住んできたミャンマー人にとっては、どれも祖国の急速な変化を捉えるための貴重な情報源となっていた。それはウィン・チョウさん夫妻にとっても同じだった。2011年からフェイスブックを始めた夫妻は、クーデター前までもおよそ300人の若者たちとつながり、祖国の情報を摑んできた。祖国を民主化した国にするために必要なことは何か、常に正しい情報を得て判断するためだという。

かつて「ラングーン」と呼ばれ、2006年まで首都でもあったミャンマー最大の都市ヤンゴン出身の二人にとって、スマホを通じて目にする故郷が豊かになっていく様子は、まもなく祖国の地を踏むことができるのではないかという期待を持たせてくれたという。一方で、長年「鎖国化」してきた中では知ることが難しかった農村部の情報を得ることが何より大事だと考えてきた。近代化する中で経済格差が広がってしまえば、せっかくの民主化への道も都会だけが味わう虚構に終わってしまうという危機感を持っていた。夫妻はほとんど毎晩、祖国の仲間たちとネットでつながっては、民主化を目指すためには何が必要かを話し合っていたという。

ウィン・チョウさん「いろんな声を聴かないといけない。それが民主主義の国の在り方だと思う。私は政治家ではないし、政治家になりたいとも思わない。〝ふつうの市民〟が〝ふつうの市民〟として生きていくためには当たり前のこと。いずれ私たちも祖国に帰って、〝ふつうの市民〟として暮らしたい」

２０１６年の政権交代を機に、夫妻は四半世紀ぶりに祖国の地を踏んでいる。そして、抗議の声を上げる必要はもうなくなったと信じてきた夫妻にとって、今回のクーデターはこの上ない屈辱だった。

その怒りと悲しみは計り知れなかった。夫妻はクーデターの4ヵ月前の２０２０年10月、祖国での総選挙を前に、日本から在外投票を通じて生まれて初めての一票を投じていた。国民民主連盟「ＮＬＤ」政権下で初めてとなった２０２０年の総選挙では、国外に逃れても、国籍を持つ人全員に対して選挙権が認められたからだった。マティダさんは軍が実権を握る中で行われた１９９０年の総選挙当時、まだ祖国にいたが「軍政下で一票を投じることはできない」と投票を拒否してきた。その後祖国を離れた夫妻にとっては、選挙権を持つこと自体が生まれて初めてのことだった。私は、投票を終えた瞬間を「これまで生きてきてよかった」と涙ながらに語ってくれた二人の姿を取材し、一票の重みを改めて思い知らされていたばかりだった。

## キーワードは「非暴力」：デジタルを武器に始まった抵抗運動

2021年2月1日の軍によるクーデター。それは一歩ずつ民主化への階段を上り始めようとしていた市民の期待と希望を一気に打ち砕き、長く続く闘いの始まりの日となった。市民たちは街頭に出て、「非暴力」をキーワードにクーデターに反対する声を上げ続ける「平和的なデモ」という道を選んだ。それは、長年自宅軟禁を強いられてもなお非暴力で抵抗してきたアウン・サン・スー・チー氏の信念を支持するということも意味した。

「クーデターを拒否する」
「軍政は絶対にいらない」
「私たちの自由を返せ」
「民主主義を取り戻す」

クーデターから5日後には、ヤンゴンやマンダレーなど中心都市では、人々が一斉に街に繰り出し、軍に対する強い抗議のメッセージやアウン・サン・スー・チー氏の写真やイラストが描かれたプラカードを掲げてのデモ行進が始まった。人の数は日に日に膨れ上がり、通りを埋め尽くすほどの大規模なデモが連日全土で行われるようになっていた。その動きを広めた立て役者はジェネレーションZ（Z世代）と呼ばれる10代、20代の世代だった。スマホでデジタル技術を自由に操ってきたZ世代が中心となって、SNSで「デジタルを武器に軍に立ち向かおう」と呼びかけたのだ。賛同を得られたのは、この運動が「非暴力を貫く運動」だったからであることは言うまでもないが、デジタルは確実に権力に立ち向かうために欠かせないツールとなっている。

デジタルを武器に国軍への抵抗を始めた市民たち。彼らの狙いは、何よりもまず自分たちの抵抗の意思を世界に伝えることだった。ウィン・チョウさんとマティダさんのもとには、連日SNSを通じて膨大な動画や写真が送られてくるようになり、ダウンロードしては、スマホに保存するという地道な作業に追われるようになっていた。私はその情報を共有してもらうことで、現地の情報をオンタイムでつぶさに把握することができていた。

私は動画からあふれるミャンマーの人たちの熱気に圧倒されていた。

市民たちはクーデターに抗議の意思を示す3本の指を示しながら街を練り歩いていた。

それは市民たちの連帯を示すサイン。独裁国家となった近未来を舞台に市民たちが独裁者に立ち向かうSF映画「ハンガー・ゲーム」で示されたサインを転用している。すでに香港、タイで広がっていた運動がミャンマーにも飛び火したのだ。その後、東南アジアで好まれている飲み物であるミルクティをキーワードに、「ミルクティ同盟」として、若者たちが国を越えた連帯を示し始めた。SNSならではの動きとして、世界の注目を集めた。

妊婦たちも「子どもたちの未来を奪わないで」と書いたプラカードを手にし、お腹を突き出しながら、クーデターに対する抗議の声を上げていた。「これから生まれる子どもたちは、民主主義しか知らない社会で育てていくつもりだ」と訴える彼女たちの怒りと不安は計り知れないものがある。

若い女性たちの中には、「彼氏はいらない。欲しいのは民主主義だ」とプラカードを掲げる姿もあった。撮影する人が手にするスマホに向かって、無言のまま怒りに満ちた目を向けながら歩く姿が強く印象に残っている。

多くの若者たちは、2016年以降、アウン・サン・スー・チー氏が率いる国民民主連盟による政権交代でさらに「民主化」への道を歩み始めた新しい国の中で育っている。その中で「自分の意思で考え、自分の夢を持って行動する」という自由を味わう経験をしてきた。それが突然奪われたのだ。自撮りをしながら街を練り歩く若者たちを映し出した動画には、「絶対に妥協できない、絶対に自由を取り戻すまで私たちは諦めない」というシュプレヒコールが響き渡っていた。その動画を見るたびにウィン・チョウさんはこう言った。

「私たちは軍事体制のもとで生まれ育ってきた。『民主化するとはどういうことか』を知らずに抗議活動をしていた。でも今の若者たちは国が『民主化』していく中で育ち、もう自由を味わっている。その違いは大きい。彼らの自由は絶対取り戻さないといけない。そのために、私たちはできる限りのことをして応援し続けないといけない」

クーデターに反対する運動は、それにとどまらなかった。医者や看護師などの医療従事者、学校の教員、鉄道員など公務員として政府の下で働く人たちが「市民不服従運動(Civil Disobedience Movement：ＣＤＭ)」のキャンペーンに参加し、仕事を放棄したのだ。長年軍事政権下にあったミャンマーでは働く人たちの大半が公務員であり、ストライキを起こすということは、社会の機能を失わせることを意味した。国軍に抗議する市民どうしでの助け合いは〝地下活動〟として今もなお続いている。

大規模な抗議デモが始まったと同時に、もう一つＳＮＳを通じて広がった動きがあった。現地時間の夜8時になると、市民たちは一斉に家の中から鍋やフライパンを叩いて、抗議の意思を示す活動を始めたのだ。ミャンマーには金物を叩いて悪霊を追い出す慣習がある。それを軍事クーデターへの抗議として転用したのだ。マティダさんも連日、日本にいてできることの一つとして、現地時間に合わせて、日本時間の夜10時半になると鍋の蓋を柄杓《ひしゃく》で叩きながら、祖国が一刻も早く民主化への道を取り戻せるように祈ることが日課となった。しかし、その抗議の声も膨れ上がるにつれ、厳しい状況に置かれるようになっていった。国軍や警察が、いよいよ武力で弾圧する手段に出るようになったからだ。

## 「記録し、発信し、記憶する」

日に日に膨れ上がる抗議デモの市民たちを蹴散らそうと警察部隊がゴム弾で脅かすようになった。その動きを市民たちは至近距離で撮影してはフェイスブックやツイッターに投稿して世界に伝え始めた。ゴム弾でも当たり所が悪ければ死に至ることもある。ウィン・チョウさん夫妻のもとにも、デモ隊にゴム弾を発砲する警察部隊の姿を捉えた映像が次々と送られてくるようになった。警察官たちと小競り合いとなったデモ隊を拘束し、連行していこうとする姿まで克明に映し出されていた動画もあった。怖いもの知らずともいえる勇気ある行動だ。市民たちの叫びは、言葉はわからなくとも怒りや悲しみが十分伝わってきた。市民たちはスマホで何が起きているかを世界に知らせ続けようと必死だった。

軍側はクーデター初日、非常事態宣言を発令し、空港も閉鎖していたため、海外から入国できなくなっていた。市民たちにとっては「記録し、発信し、記憶する」ことが世界に現状を知ってもらい、クーデターに抗議するための「唯一の手段」となっていた。それは同時に、私たち取材者にとっても、現地に入ることができない中、何が起きているのかを知る「唯一の手段」になっていた。取材者にとってはとても歯がゆいことだが、ネット上にあふれる動画や写真に映し出された公開情報から実態に迫ることも十分可能だ。しかも市民たちは、自分たちの身の回りで起きているどんな一瞬も見逃さないという意気込みで、スマホで撮影し、命がけで世界に発信してくれている。つまり、この実態を把握し続ければ、OSINTの手法を活用して、ミャンマーの調査報道ができるかもしれない。「OSINTというパズルのピースとミャンマーというパズルのピースが引き寄せ合った」瞬間だった。

一本の電話により知らされたミャンマーの軍事クーデター。それが「調査対象となるピース」だったのだ。「この実態を把握し続けていくことで何か見えるかもしれない」。私は決死の覚悟で発信し続ける市民たちの動画を見ながら、とにかく追い続けようとだけは思っていた。

## 市民動画が訴える真相：警察の発砲はゴム弾か実弾か

2021年2月9日、日本時間午後6時。

「警察がデモ隊にゴム弾を発砲。一人重体」という日本や欧米のメディアが配信したニュースがネット上に飛び交った。現地時間午後1時頃、女性が「ゴム弾」で撃たれたという。

首都ネピドーではおよそ1万人が集まった大規模な抗議デモが行われていた。前日には、ヤンゴンやマンダレーなど主要都市で治安当局から5人以上の集会禁止令が発令されたが、デモの参加者は時間とともに増加し、緊張が高まっていた。同様に、ネピドーでも抗議活動をする人たちに向かって警察が放水を行い、強制排除に乗り出していた。事件はその最中に起きたのだった。

午後6時半。

マティダさんから、ネピドーの友人から届いたという動画付きの投稿が私に送られてきた。投稿には「ネピドーで銃が使われた」とある。動画は18秒。確認すると、警察部隊がいた場所から死角となる場所にいた市民の中で、突如女性が倒れ込む姿が捉えられていた。

「これがゴム弾で撃たれた瞬間なのか？」

私は何度も繰り返し映像を確認したが、何発もの音がする中、その音がゴム弾なのか実弾なのかまったくわからないままだった。

しかし、その後配信されたメディアの記事などでも「ゴム弾で撃たれた」と報じられた。

すると、おそらくそれを見聞きしたのであろう日本のミャンマー人コミュニティからSNSを通じて「ゴム弾ではない！　実弾だ！」というメッセージが矢継ぎ早に飛び込んできた。同時にいくつもの写真が送られてきた。女性が頭から血を流している写真や、「犯人はこの警察官だ！」というメッセージとともに、サングラスをかけた警察官がライフルを構えた写真。マティダさんから送られてきた写真と同じだった。

さらにその後、マティダさんが一つの投稿をシェアしてくれた。頭部のレントゲン写真だ。そこには弾と思われる物体が埋まっている。しかし、レントゲン写真がどこから入手されたものなのか、撃たれた女性のものなのか、その時点では確証を得ることができなかった。

果たして、誰が撃ったのか。発射されたのはゴム弾なのか、実弾なのか。

2021年2月10日午前0時。

深夜にもかかわらず、私は仕事から帰ったばかりのウィン・チョウさんたちに連絡した。

樋爪「重体の女性はその後どうなっていますか?」

ウィン・チョウさん「現地の情報によれば、頭を撃たれて病院に運ばれ緊急手術を終えたが、脳死状態で延命措置がされている。しかし軍が病院の周りにいて市民たちは近づくことができない状態だ」

樋爪「女性が撃たれたのはゴム弾なのか、実弾なのか、どっちだったんでしょうか」

ウィン・チョウさん「ゴム弾が頭を貫通するはずがない。しかもヘルメットを被っていたみたいだから」

いつもは冷静沈着なウィン・チョウさんが電話で声を荒らげた。

「絶対に許せない」

しかしその後、冷静な声で続けた。

「これからゴム弾ではないことを証明するための調査を始める。実弾であることを証明しなければ軍がまた嘘を重ねる。軍の都合のいいように終わってしまう。ただ声を上げているだけでは、だめなんだよ」

## 蘇った〝隠された〟真実

ウィン・チョウさんが語気を強める理由には、自分の運命を大きく変えた1988年の辛い経験が根底にある。当時ラングーン工科大学（現ヤンゴン工科大学）の大学院生だったウィン・チョウさんは電気工学を学んでいた。その傍ら、現在のヤンゴン国際空港で日本のODA（政府開発援助）による事業の一環として日本人に学びながらエンジニアとしての経験も積んでいた。日本は1954年から戦後賠償と経済協力に関する協定の下、ミャンマーにODAを供与してきた。一方、国民の間では長期にわたるネ・ウィン将軍率いる独裁体制下での経済不安に対し、民主化を求める抗議活動が散発的に起きていた。それでも当時、ウィン・チョウさんはこうした活動には距離を置く立場だった。「政治の中に入るのではなく、自分たちができうる限りのことをして社会を変えていきたい」というのが自分のモットーだったからだ。しかし、その年の3月、友人が警察部隊に撃たれて死亡する事件が起きたことで、人生が一変した。

当時、ラングーン工科大学の前にあった喫茶店で、学生と地元の有力者の息子が口論となり、喧嘩が始まった。駆けつけた警察部隊は、全員を逮捕した。その後、有力者の息子だけが釈放されるという学生たちにとっては理不尽な扱いを受けた。それが発端となり、事件を聞きつけた学生たちと警察部隊との衝突に発展。その後、学生たちは警察部隊の発砲を受け、3人が死亡した。そのうちの一人がウィン・チョウさんの友人だったのだ。ところが、軍側は友人たちの死を「民間人どうしの喧嘩が原因で死亡した」と発表した。友人の死の真相は軍側によってあっという間に隠されたのだ。

「親友の死が軍によってねじ伏せられたと思った。そこで頭に来たんです。もちろん軍が政権を握っている国で『警察が殺した』なんて言えないのはわかっていた。ビルマのニュースというのは政府のニュースしかない。でもそれが身近な人に起きてしまったことで私の人生は変わった。誰にでも優しく接していた親友の死は同じ大学の学生たち全員にとっても許せないほど大きかった。でもそれが民主化運動に発展するきっかけとなるとは思っていなかった。当時、軍が『本当は警察が殺しました。間違えました』と言えば、たぶん1988年の民主化運動は起きなかったはずだ」

そしてウィン・チョウさんは大学生たちが中核を担う民主化運動に参加し、抗議の声を上げることになったのだ。学生たちは全国の学生たちの統一を目指して組織化し、全国各地の市民たちに向けて連帯を叫んだ。僧侶、公務員、主婦など、参加する者が徐々に増え、デモは一気に勢いを増した。厳戒令が敷かれた中でのデモは、国軍によってすぐ鎮圧されたが、国軍がいなくなるとその隙を狙ってすぐに行進を始めるといった具合に、いたちごっこのようにデモを繰り返していたという。

私はウィン・チョウさんが語る当時のビルマの記憶と、2021年2月以降に市民たちが撮影し、世界に発信してきたミャンマーの様子とが頭の中で重なり、混乱しそうになるほどだった。「学生たちが立ち上がり、市民たちに連携を求めてともに国軍に対抗する」という構図が見事に同じだったからだ。やはり歴史は繰り返されるものなのか。

その後、ウィン・チョウさんは抗議デモの最中、警察に拘束され、現在も使用されているヤンゴン郊外の尋問所に入れられた。ミャンマーでは今も昔も刑務所に入れられる前にまず、尋問所に連れていかれ、厳しい尋問や拷問を受けることが多い。ウィン・チョウさんは尋問所に入れられていた1週間の間、寝ることも食べることも許されず拷問を受け続けた。バイクに跨《また》がる真似をさせられ、中腰のまま長時間座れない姿勢を強いられ続けた結果、膝を痛め、正座をすることができない体になった。仏教徒として毎朝仏壇に祈りを捧げるが、今もベッドの上で十数秒膝をそろえることしかできない。

マティダさんも、当時ラングーン大学（現ヤンゴン大学）に通う学生の一人として、民主化運動に参加していた。法律を学びその大切さを教えてくれていた兄の影響もあり、嘘がまかり通る国軍への不満が頂点に達していた。民主化を求めるデモは日に日に大規模なものになっていったが、軍側の弾圧には抵抗しきれず、挟み撃ちにされ、マティダさんは一つに結んでいた長い髪を引きずられてトラックに乗せられ、頭に黒い布をかぶせられたまま、ミャンマー最大のヤンゴンにあるインセイン刑務所に投獄された。刑務所では、黒い布をかぶせられた上で顔に熱湯を浴びせられたり、椅子に固定されたまま脚を蹴られたりするなど、女性であっても容赦することのないひどい拷問を受けてきた。マティダさんは涙をこらえながらこう語った。「レイプをされなかったことだけが本当に救いだった」。その手にはハンカチがぎゅっと握られていた。

ウィン・チョウさんとマティダさんの証言では、多くの学生が拘束・拷問を受けたのち、行方不明のままの人たちもいるという。なかには、すし詰め状態で護送車に乗せられ、圧死した人たちもいる。信じられないほどの非道な扱いを受けていたのだ。NHKの報道によれば、1988年の民主化運動では市民側に少なくとも1000人以上の死傷者が出たという。

1988年の民主化運動の歴史は、ミャンマー国内では公式に記録されていない。もちろん学校教育でも一切触れることを禁じられてきた。歴史として記録されるのは軍側の発表のみだった。今回のクーデターでは、国軍の方針に疑問を抱き離反した兵士たちが多くいる。詳細は後述するが、彼ら離反兵から得られた証言によれば、国軍は1988年の民主化運動に関しては、若い兵士たちに「市民が軍を攻撃して軍側に多数の死者が出た」と洗脳し、市民に銃口を向けさせているのだという。

夫妻に当時の辛い記憶を蘇らせるのは私にとってとても酷な作業だった。それでも彼らの証言を残していかなければ、次の世代に受け継ぎ、歴史として、教訓として残せない。それを身をもって知っている二人は「気が済むまで何でも聞いてほしい」と真摯に向き合ってくれた。市民たちが目にし、経験してきた事実は記録されず、国軍が歴史をつくるという時代が半世紀以上も続いている。こうした「不都合な真実」はもう終わりにしなければならない。

だからこそ、ウィン・チョウさんとマティダさんは現地からの動画や写真による国軍の非道を訴える声をいち早くキャッチしたいのだという。一刻も早く真相を解明しなければ、国軍に真実を打ち消されてしまうという恐怖と闘っているのだ。ウィン・チョウさんは強い使命感を込めてこう話してくれた。

「市民の記録を残したいんだ。『国軍が発表しているこの嘘は信じちゃだめだよ』という証拠を残さないといけない。その時代、その日、その時にあったことは、私たち市民が残さないといけない。そしていつか国が変わったら、『真実は市民たちの記録の中にある』ということを、世界に知ってもらいたいんだ」

市民たちにとって「語ること」だけでしか記録に残せなかった時代はもう終わった。今はスマホを持ち歩く人すべてがカメラを持ち歩いているという人類史上かつてない状況にある。その中で、国軍に抗《あらが》い続ける市民は記録し、世界に訴えるジャーナリストとなった。未編集のまま、ライブ配信で〝生きた〟証拠をも残せる時代だ。そう信じ、夫妻は疲れた表情を見せることなく、意気込んでいた。

ウィン・チョウさん「自分たちは日本という安全な場所に暮らし、24時間インターネットもつながる。自由に情報を集めることができる。祖国の仲間が命がけで撮った証拠をしっかりと記録しないと。これは国民としての責任。できることは何でもやる」

## ダイニング・キッチンから暴く軍の非道

密集した住宅街の一角にある、とあるアパート。夜になると、窓の隙間からビルマ料理の食欲をそそる複雑なスパイスの香りが漂う。玄関を開けると、目の前に広がるのは壁一面に貼られた数えきれないほどのアウン・サン・スー・チー氏の写真、そしてビルマ語で書かれたミャンマーの地図。奥にある寝室からうっすら赤・緑・青・黄のカラフルな電気の光が漏れてくる。その光のもとは、夫妻が毎日朝晩欠かさずに祈りを捧げる仏壇だ。ミャンマーで信仰されているのは「修行し、精進する人が救済を得る」上座部仏教。その教えを守るブッダを祀った仏壇はカラフルな電球で朝と晩は照らし続けるのが習わしだ。

その寝室の手前に6畳一間のダイニング・キッチンがある。そこは、夫妻が長年祖国の民主化を願い、国造りのために貢献したいと日頃から意見を交わしてきた場所だ。この数年、ここを拠点に、二人はスマホを使っておよそ4800キロ離れた祖国の情報を集めてきたのだ。その場所が2月9日の事件を機に突如、国軍の非道を暴くための闘いの場に変わったのだった。

2021年2月10日午前1時。

「クーデターへの抗議デモの最中に撃たれた女性への警察の発砲は、ゴム弾か実弾か」

この事件に向き合おうとしていた夫妻はまず、フェイスブックにビルマ語でこう投稿した。

「必ず真実を国際刑事裁判所（ICC）に突き付ける。今度こそ、裁判にかけて、軍がどんなひどいことをしてきたのか、歴史に残して教訓にしなければ、また同じことが繰り返される」

アジアでは1970年代に起きたカンボジアでのポル・ポト率いる共産主義政権による市民の大虐殺の責任者を裁く特別法廷が2001年に設置された。この法廷は2022年4月現在もなお続いている。ミャンマーでも、国際裁判を通じて国軍の非道を司法の場で明らかにして、裁きを受けさせなければならないというウィン・チョウさんのメッセージだった。

夫妻は当時「ベリングキャット」の存在はまったく知らなかった。しかし真実を突き詰め、その責任者を突き止めるという行動はまさに「ベリングキャット」の活動そのものだった。私は、二人の調査の過程をニュースレポートとして伝えたいと思い、取材を続けた。

夫妻がまず取りかかったのは、19歳の女性が被っていたヘルメットを写した写真を可能な限り多く入手することだった。

「もともと穴が開いている場所がなかったか」

「使い古されていたものではなかったか」

夫妻は、フェイスブックで「ヘルメットの写真を送ってほしい」と投稿。すると、目撃者と思われる3人から「女性が被っていたヘルメットだ」という写真が合計5枚送られてきた。

製造元はどこなのかを調べると、このヘルメットはバイク用でタイ製の市販のものであることがわかった。ヘルメットの耐用年数によっては、ゴム弾でも貫通することがあるかもしれないが、女性のものは比較的新しいものに見える。ヘルメットは穴が空いた状態で、内側には血がついていた。ゴム弾でこのような穴が空くとは考えにくかった。

実弾の可能性が高いことはわかった。では、その実弾を撃つのに使用された武器は何なのか。

鍵となったのはサングラスをかけた警察官らしき人物が銃を構えている姿を市民が撮影した写真だった。NHKの夜7時のニュースで「警察がデモ隊にゴム弾を発砲」と報じられてから、ミャンマー人たちの間では、「この人物が犯人だ」と指摘する写真が出回っていた。ウィン・チョウさんは、国外に住む武器に詳しい友人や、ネット検索が得意な若者たちとSNSでつながり、武器の特定を進めることにした。

実は、ウィン・チョウさんは1988年の民主化運動で、自らも銃を手にした経験があった。それゆえ、軍や警察が使用する銃についての多少の知識も得ていた。当時は「武器には武器を」という考えしかなく、実際に銃を持って国軍と対峙した者が少なくなかったのだという。ウィン・チョウさんもその一人だったのだ。当時の自分は、自分の命が惜しくて亡命という道を選んだが、今の若者たちは国外に逃れることを選択するのではなく、命を懸けて市民たちを守り抜こうと国軍と真っ向から対峙している。その姿を目にし、尊敬の念も抱いているという。それでも「かつての自分のようにはなってほしくない」と、決して武装化することを容認しているわけではない。だからこそこの闘いを早く終わりにしたいとウィン・チョウさんは焦りを募らせながら、自分のできうる限りのことをしようと調査を進めていた。

夫妻の調査は集まった仲間たちが、互いにSNSを通じてやりとりをしながら夜通しで行われた。現場で捉えられた警察官らしき人物が銃を構えた一枚の写真。そこに写し出された銃を拡大し、細部一つひとつを分析しながら、ネット上にある武器の情報や画像と照らし合わせて確認していくという地道な作業が続いた。そして、BA（Burmese Army）と呼ばれる、ミャンマー国産の旧式タイプのライフルではないかという結果に落ち着いた。ウィン・チョウさんによれば、「ＢＡタイプは現在、国軍のお下がりとして警察が使用している型だ」という。

「ＢＡから実弾が発砲されたのか」という調査に対しては、確たる証拠となる動画や写真は見つからなかったが、現場にいた人たちからは、若い男性も撃たれているとの情報が入っていた。その男性は背中の左側を負傷し、病院で応急処置を受けているとのことだった。ウィン・チョウさんがその現場だとする写真、そして男性の体内から摘出されたとされる弾丸を写した写真を入手して調査した結果、男性はゴム弾ではなく、「９ミリの実弾」で被弾したのだと判断することはできた。

ウィン・チョウさんは息つく間もなく、オンライン上で集まった仲間たちとともに調査を続けた。「犯人」とされる人物を探るため、投稿で情報を呼びかけると、そのサングラスの人物が過去の国内ニュースで記者会見している様子の写真や、その人物だとするＳＮＳアカウントなど、次々と情報が集まってきた。

結果、発砲したサングラスの人物は、ネピドー管轄の警察署長らしいということがわかった。しかし、「その人物が撃ったかどうか」を示す決定的な証拠となる動画や写真は見つからないままだった。それでもウィン・チョウさんは「絶対、国際裁判にかけないといけない。まずは人権団体に結果を報告したい」という一心で、自分たちが集めた証拠をヤンゴンにある国際的な人権団体のアムネスティ・インターナショナル宛てにメールで送った。

## ミャンマー市民たちが拓くＯＳＩＮＴの可能性

２０２１年２月10日、午前10時。

発砲事件の翌朝には、日本のメディアが「実弾が使用された可能性」を報じ始めた。手術した担当医が、レントゲン撮影の結果から実弾が使われた疑いが強いと指摘し、その証言をもとに報じられたのだ。欧米メディアでも同じ内容が報じられていた。

正直に言えば、この時点まで私は心のどこかで、ウィン・チョウさんたちが突き止めた検証過程に対して、「本当に間違っていないのか」と、どこか疑いの目を持っていた部分もあった。しかし、それは見事に覆されたのだ。私は前章で述べた「デジタルハンター」の番組の取材を機に、交流してきたベンジャミン・ストリック氏に伝えた。

「日本に住むビルマ人夫妻が、自力でＯＳＩＮＴを行っている」

実はストリック氏も、ミャンマーでクーデターが起きて以降、市民動画から何が起きているのかを把握しようとこの事件に着目していた。ウィン・チョウさんたちが調査を行っていた事件の真相についても、各メディアが「弾を摘出した医師が実弾の可能性があると証言」と報じた記事を確認したうえで、「ミャンマー市民たちの国軍へのレジスタンス、抵抗手段としてOSINTの可能性がこれからどんどん広がっていくだろう」と語った。

そのストリック氏は既にその時にBBCを去り、クーデターから5ヵ月後、イギリス拠点のシンクタンク「情報レジリエンスセンター」を拠点に、ミャンマーでの軍の非道を分析する専門集団「ミャンマー・ウィットネス（Myanmar Witness）」を設立した。自身が信頼する武器専門家や位置特定のエキスパート、ミャンマー情勢に精通したオープンソース・インベスティゲーターたちを集めてオンライン上でつながり、SNS上に投稿された動画や写真に特化して調査を行うというのだ。そして、ミャンマー市民たちのデジタルを使った抵抗運動の可能性を信じ、OSINTのテクニックをSNSを通じてビルマ語でも共有し、ミャンマー国内に広めるための活動も始めている。

2021年2月11日。

国際NGOアムネスティ・インターナショナルがBAタイプの銃を手にした警察官の写

真とともに、女性が実弾で撃たれた可能性を指摘する記事を発表した。ウィン・チョウさんたちの報告が直接引用はされていなかったものの、ウィン・チョウさんが送ったメールの内容と発表された記事の大筋は見事に一致していた。

2月9日に銃弾に倒れた女性はその後病院に運ばれ、脳死状態で延命措置が行われていた。その翌日、意識不明の状態で20歳の誕生日を迎えた。ウィン・チョウさんが地元の人たちから得た情報では、そのお祝いをすることもかなわず、「実弾を回収するために軍と警察が病院に張り付いている」とのことだった。そして彼女が被っていたヘルメットはすでに警察に没収されたとの情報も入っていた。

事件から10日経った2月19日、女性は遂に亡くなった。その後、国軍は、国営新聞を通じて「警察は死に至るような武器を保持していない。女性の頭部から摘出されたとする銃弾を使用するタイプの銃は所持していない」と発表し、彼女の死に対する軍側の関与を否定した。この発表に対し、ウィン・チョウさんは落ち着いた声でこう言った。

「1988年と今はもう闘い方が違う。あの時は銃を使った暴力に対して、素手の闘いしかなかった。今はSNSを使って、非暴力で立ち向かうことができる」

2月21日、彼女の死を悼む葬儀の様子が世界に配信され、国軍の非道さを印象づけることになった。

市民が命がけで撮影した動画や写真を検証し、記録し、発信し、記憶していく。その作業を1988年に実際に国軍の弾圧を経験した世代と、その時代を知らない10代、20代の若者たちが、世代を超えて、互いへの信頼関係でつながり、デジタルツールを通して真実を追究する。しかもその拠点は、東京にあるウィン・チョウさん夫妻の自宅にある6畳一間のダイニング・キッチン。現地に足を運べなくとも、オンライン上の仲間たちとの連携があれば、いつでもどこでも検証することは可能なのだ。しかし、夫妻の並々ならぬ祖国への愛がなければ実現することはなかっただろう。執念と愛情で寝る間も惜しんで調査に没頭し、一日もかからずして結果を出したのだから。私はそう確信している。

## 「デジタルハンター」から「デジタル・レジスタンス」へ

樋爪「大変だよ。ミャンマー市民たちが、OSINTの手法を駆使してもう調査を行っている」

髙田「え！　すでに？　OSINTの舞台はミャンマーだったんですか？」

ウィン・チョウさんたちが行った調査のプロセスに衝撃を受けた私は、すぐさま「デジタルハンター」をともに制作した同僚、高田里佳子ディレクターに知らせた。その後にどんな事件が起きるのかは不明だったが、次なるステージが見つかったということだけは互いに認識していた。そう、パズルとパズルはようやく出合ったのだ。

「OSINTをキーワードにした勉強会を開催するので、『デジタルハンター』の番組を紹介しませんか」

ちょうどその頃、私たち（樋爪・高田）にNHKスペシャルの制作チームから声がかかっていた。私たちはその勉強会に参加し、番組で取材した「ベリングキャット」メンバーをはじめとするOSINTのエキスパートたちに加え、取材中だったウィン・チョウさん、マティダさん夫妻たちが行っている調査についても伝え、OSINTを用いた調査報道が今後当たり前の世界になっていくのではないかと提示した。長年軍政に抗ってきたミャンマー市民の「デジタル・レジスタンス」という新たな抵抗の在り方が生まれていること。そして、それこそが国軍に対抗する唯一の武器となっていること。この歴史的事実を見過ごすことができるだろうか、と。

数日後、NHKスペシャルの中村直文統括プロデューサーから一通のメールが届いた。

「4月初旬放送に向けて、ミャンマーを舞台にOSINTを使った番組を制作できないか」

その時点で放送までわずか1ヵ月余りしかなかった。時間が限られていることだけが不安だったが、それ以外に断る理由はなく、髙田里佳子とともに参加を決めた。

あっという間に善家賢チーフ・プロデューサーを筆頭に制作チームが立ち上がり、何をどう検証していくのかなど作戦会議が始まった。SNSの動画や写真を集めて分析するためのデジタル調査チームも結成された。そのチームメンバーは私たち二人を含めて5人。

「ミャンマー市民の命がけのメッセージを必ず伝える」——その思いを胸に、日々送られてくる膨大な動画や写真を整理し、何が見え、何が言えるのか、状況を把握する。今度は自分自身が「デジタルハンター」となり、地道な、そして本格的な仕事が始まったのだった。

# 第２部　オールドメディア、「報道革命」への挑戦

# 第1章　〝デジタル調査報道チーム〟前途多難の船出（松島剛太）

## メンバー5人の〝捜査会議〟

渋谷にあるNHK放送センターは、本館、西館、東館、北館の4つの建物が渡り廊下でつながりあい、さながら迷路のようになっている。その東館6階にある一室が、OSINTチームが急遽確保したプロジェクトルームだ。広さ6畳ほどの室内には、ビジネス用の机が5つと大きなモニターが置かれている。急ごしらえの殺風景な部屋に、あたり一面、SNSから得た写真が広げられている。銃を構える警官や兵士、手にした武器のアップ、そして銃弾を受けた遺体やレントゲン写真。まるで刑事ドラマに登場する捜査一課や捜査本部のような様相だ。2021年3月下旬、プロジェクトルームではまさに〝犯人〟を追い詰めるための〝捜査会議〟が開かれようとしていた――。

チーフ・プロデューサーの私（松島）の呼びかけで、この日はOSINTチームのメンバー全員が久しぶりに顔をそろえていた。SNS上のオープンソースを元にデジタル調査を行うOSINTチームにとって、ノートパソコンさえあれば作業する場所はどこでも構わない。ＺｏｏｍやＴｅａｍｓといったソフトを用いれば、自宅にいながらにして世界各地の取材先とビデオ通話を介して話もできる。一方で主戦場がSNSとなれば、最新の情報に対して常にアンテナを張りめぐらせていなければならない。そのためメンバーは連日調査が深夜にまでおよび、さながら「24時間　常在戦場」の状況となっていた。OSINTチームが結成されて1ヵ月、メンバーの疲労の色は濃かった。

メンバーのうち、最前線で調査にあたるディレクターは3人。「デジタルハンター」の番組を手がけた樋爪かおり、髙田里佳子に加え、ミャンマーに関する番組制作の経験があり、SNSに精通していることから選ばれた髙田彩子。そして、デジタル調査に関する技術面のサポート役として加わったのが人事局の井上直樹。井上は、新聞社で記者として調査報道の実績を積んだあとグーグルに転職。デジタルの世界で研鑽を積み、「デジタル人財」を外部に求めていたNHKに入局した。私はじめデジタルに疎いメンバーにとって、井上は貴重なアドバイザーとなっていた。

この日、全員を招集したのは理由があった。この1ヵ月、各メンバーが死にものぐるいで集めた動画や写真の検証結果、目撃者の証言、専門家の見解、それらを立体的に組み合わせれば、番組の核となる調査結果を示せるのではないかと考えたからだ。オープンソースを用いたデジタル調査という〝未知の海〟にこぎ出した私たちにとって、ここに至る道のりはまさに苦難の連続だった。

## 課せられたミッション

遡ること1ヵ月あまり前。大型企画開発センターに所属する私は、上司にあたるNHKスペシャル事務局の統括プロデューサーから、密談に使う小部屋に呼び出されていた。小さな机を挟んで向き合うなり、統括プロデューサーからこう切り出された。

「松島にミャンマーの現状を明らかにするOSINTをやってもらいたい」

恥ずかしながら、その瞬間まで私はOSINTとは何かを知らなかった。オシントという言葉を理解できず、あろうことかNHKの朝の連続テレビ小説の名作「おしん」と聞き間違え、話の内容がまったくかみ合わなかったほどだ。しかし、説明を聞くにつれ、私は久しぶりに全身の血が沸き立つのを感じていた。取材に入れないミャンマーの地で今何が起きているのかを明らかにするというミッションは、ジャーナリズムに携わる者の端くれとして願ってもないことだった。「民主主義に資する」ことがジャーナリズムの役割だとするならば、民主化の歩みを止めようとするクーデターは、対峙すべきテーマそのものだったからだ。そして何より、デジタル調査報道というジャーナリズムの新たな時代の幕開けに立ち会える興奮が私の中でふつふつと湧き上がってきた。

とはいえ、プロデューサーになる前、ディレクターとして現場に出ていた私は自他ともに認めるアナログ人間だった。取材対象に密着するルポルタージュやヒューマンドキュメンタリーを数多く制作してきた私にとって、取材とは「人と人とのぶつかり合い」を意味する。

この業界でよく言われるように「現場100回」「足で稼ぐ」を信条にもしてきた。非正規雇用の増大で社会が大きく転換する中、ホームレス状態に陥る人々が続出している状況にメスを入れたNHKスペシャルの制作では、文字通り足を棒にして東京都内を歩き回った。ホームレスの方々の話を聞くために、毎日のように池袋〜新宿〜渋谷間を歩いて往復するうちに靴を3足履きつぶしたこともある。そんなオールドタイプのテレビマンの典型である私に最先端のデジタル調査報道が務まるのだろうか——。そんな不安が首をもたげていることを知ってか知らずか、上司はさらに言葉を続けた。

「これは、NHKが公共メディアとして新しい時代を生き抜けるかのチャレンジだ。ぜひ、OSINTの手法と話法を開発してほしい」

手法という言葉に加えて、「話法」という言葉が付け加えられたことに私は身が引き締まる思いがした。NHKスペシャルでは常に、「これまでにない番組」を生み出すことが制作者に求められている。OSINTを用いて取材の成果を上げるだけでなく、番組としての新たな形を構築せよ。それがプロデューサーである私に課せられたミッションだった。

## 膨大な映像の波に飲み込まれた

通常、NHKにおける番組制作では、ディレクターが取材、編集を担当する。そして、プロデューサーが客観的な立場で試写を行い、構成を再検討して修正する作業を繰り返す。NHKスペシャルでは、試写をしては作り直す作業を4〜5回ほど繰り返し、完成度を上げていく。しかし今回、OSINTの手法と話法を開発するにあたり、私はディレクターとして取材、編集にあたる役割も担うことになった。最前線で実践しながらでなければ、OSINTの何たるかを理解できないし、自分の目で情報の真偽を確認しなければ、どこまで踏み込んで表現していいのかの判断基準を持てないためだ。

2021年2月26日。OSINTチームが初めて全員集まり、キックオフミーティングを行った。すでにOSINTの一端を知っている樋爪、髙田里佳子が持つ基礎知識をチーム全員で共有することが目的だ。技術面のアドバイザーである井上からは、ウェブ上で見つけたサイトをPDFや画像として保存できるソフトや、映像を検索していつの時点からウェブ上に存在しているかを確認できるソフトが紹介された。映像がいつからあったのかを遡って検索する「リバースイメージサーチ」は、SNS上にアップされた映像の真偽を見極めるために極めて重要になる。たとえば、ある映像が「○○年□月△日」に撮影されたものであるとしてSNSで流布していたとしよう。その映像をリバースサーチして「○○年□月△日」より前に存在していたことがわかった場合、その映像の信憑性は否定されることになる。実際、クーデター後の弾圧の様子だとしてSNS上に存在していた映像の中に、違和感を覚えるものが混じっていた。それは韓国の光州事件における弾圧の映像だった。常に「フェイク」を摑ませられる危険と隣り合わせであることをまざまざと突きつけられ、慄然としたことを覚えている。

そして、最初のミーティングで必要性が共有され、調査の要《かなめ》と位置づけられたものがある。海外のＯＳＩＮＴの専門家たちの手法を直接取材した経験がある樋爪と髙田里佳子によれば、彼らは例外なく「スプレッドシート」で映像や情報を整理し、共有していたという。スプレッドシートは、一般にエクセルなどの表計算ソフトで作られたパソコンのファイルのことだが、ＯＳＩＮＴにおいてはチーム全員で全映像を共有しアップデートを図ることで、データベースとしての機能を持たせたファイルを指す。大事なのは、「すべての映像が一元的に管理できること」と「常に最新版を全員で共有できること」の二つだ。この仕組みを聞いて、私はハッとした。ＯＳＩＮＴという言葉で語られると、まったく新しい概念が突如登場したかのように感じられるが、このスプレッドシートは「ファクトチェック」を全員で突き詰める仕組みにほかならない。事実に基づき報道するという「基本のき」はデジタル調査報道であろうと同じだということだ。早速、井上がエクセルで作るスプレッドシートをメンバー全員で共有する仕組みを考案してくれた。そのシートに、日付ごとに、映像を識別する通し番号、撮影された町、投稿時刻、フェイスブックやツイッターなどの入手経路、投稿文の内容、投稿のリンクなどを記入できる欄を作っていく。まずは、調査の基盤となるスプレッドシートを全員で構築することから我々の作業は始まった。

しかし、私たちはスプレッドシートの構築を始めて数日で、SNS上の動画や写真を網羅して整理していく難しさを突きつけられることになる。ツイッターのリツイートに象徴されるように、SNSではある投稿が拡散されるとネズミ算式に増えていく。シェアされた動画や写真に、オリジナルとは異なる投稿文をつけてアップされているケースも多い。それが、フェイスブックで、ツイッターで、ユーチューブで……と異なるSNSで同時進行で起きているのだ。

3人のディレクターが手分けしてスプレッドシートに入力しても、とても処理しきれるものではなかった。私は入力された情報をチェックし、動画をくまなく見ていく作業に専念していたが、それさえも難しくなるほど日々SNS上の動画や写真は増殖を続けていた。SNSはさながら大海原のよう。デモに対する弾圧が起きるたびに一気に増える投稿は、嵐の中の大波のよう。私たちOSINTチームは、まるで嵐の大海原をゆく小さな船のようだった。

## SNSから投稿が消えていく！

3月2日の午後5時すぎ。樋爪からOSINTチームに急を知らせる一報が入った。SNSのタイムラインから、あったはずの投稿が次々削除されているというのだ。どうやら軍からマークされるのを恐れて、一度アップした投稿を削除する動きがミャンマー市民の間で広がっているようだった。その後も次々と新しい投稿は行われているが、短時間だけ公開したあと、すぐに削除されてしまうのだ。私たちは見つけた動画や写真をスプレッドシートに整理しながら、ただちに保存していく必要に迫られた。ただでさえ手一杯の作業にさらに大きな負担がのしかかることになる——。

その日の午後6時。OSINTチームを緊急招集し、今後の方針を検討することにした。メンバーの顔には焦りの色が見え始めている。それもそのはず。調査の基礎となるスプレッドシートの構築に追われ、肝心の調査にはまったく手が回っていないのだ。番組の放送日は4月4日。あと1ヵ月あるものの、そのすべてを調査にあてられるわけではない。調査結果を編集作業に反映し、試写をし、再検討する時間が必要だ。編集が固まったあとにナレーションや音楽、CGやテロップを入れるための、いわゆるポストプロダクションの作業日数も4日程度は見込んでおかなくてはならない。それらを逆算すると、現実的に調査にあてられるのはあと25日ほどだった。

検討会では、メンバーそれぞれが気になる動画や情報を挙げ、調査したいという意向を示した。中国からの飛行機に軍を支援するIT技術者が乗っていたのではないかという情報や、ベラルーシから空対空ミサイルが到着したという真偽不明の情報が出された。しかし、それぞれの情報に関連性はなく、その一つひとつを確認するだけで膨大な裏取りが求められる。調査の対象が拡散し、調査結果を一つにまとめて力のあるリポートに結実させることは困難に思われた。また、2月9日に首都ネピドーで撃たれた女性を死に至らしめたのは、ゴム弾だったのか実弾だったのかを徹底して糾明すべきという意見もあった（第1部第2章を参照）。たしかにこの時点ではOSINTを活用できる有力なケースであることは間違いない。だが、過去の事件は日々のニュースの中で消費され尽くされる宿命にある。4月4日の放送日の時点でもホットイシューであるかといえば、すでに別の事件に関心が移っている可能性のほうが高い。最終的に番組のコンテンツになりうる事象を調査対象に設定する必要があった。

「2月28日を当面の重点調査項目に設定してみよう」

私はメンバーに提案した。スプレッドシートの作成をしている中で、2月28日はその時点で突出してミャンマー市民による動画や写真の投稿が多い日だったのだ。なぜなら、その日は全土でミャンマー軍による弾圧が激化した日であり、2月9日にネピドーで女性が撃たれて以降、再びデモ隊に犠牲者が生じた日でもある。国連の発表によれば2月28日だけで、少なくとも18人が亡くなったという。これから先さらにひどい事態が起きたとしても、弾圧が一気に過激になった日として2月28日は刻まれるはずだ。

その日の午後11時近くになって樋爪から報告があった。人権団体、アムネスティ・インターナショナルでOSINT調査を行っている知り合いに連絡してみたところ、彼らも2月28日に大きな関心を寄せているというのだ。私たちよりOSINTの経験があるアムネスティのスタッフと協力関係を築けるのは大いに心強い。今後、アムネスティとは互いの情報を交換しながら調査を深めることに決まった。

## 3月3日「血にまみれた日」

翌3月3日。SNS上に、再びミャンマーからの荒波がやってきた。これまでとは比較にならないペースで投稿が増えていく。しかも、アップされている動画は衝撃的だった。最大都市ヤンゴンの郊外でデモに参加していた市民が、物陰に身を隠しながら悲痛な声を上げている。

「頭に当たった！　なんとかして！　みんな死んじゃう！」

その背後では発砲音が連続してこだましていた。今まで、デモ隊に対し催涙弾を浴びせている動画は数多く目にしてきたが、催涙弾の発射音とは明らかに異なっている。動画を撮影しながら実況中継のように事態を伝える市民も「実弾を撃っている」と叫んでいた。発射音からすると無差別に乱射しているかのように聞こえる。発砲音がやんだ後、撮影者はカメラを回しながら、人々が輪になっている場所に向かっている。その輪の中心にいたのは、路上に倒れ、大量の血を流している男性だった。男性はピクリとも動かない。周囲の人々も介抱する気配がない。すでに死亡しているだろうということは容易に想像がついた。

ほかにも目を奪われる動画があった。市民による至近距離からの隠し撮りだった。服装から武装した警官と見られる人物が銃を構えて撃っている。背後に映るその他の警官も同じように画面右に向かって銃撃していた。さらに、警官に交じって迷彩服を着た兵士の姿も見える。腕につけられたワッペンから識別すると陸軍の部隊のようだった。至近距離から撮影されているため、手にしている銃もはっきりと見えている。なかには短機関銃とみられる銃を構える者もいた。動画の撮影者は、もし発見されればたちまち拘束されていただろう。動画の内容からすると当局から厳しい追及を受けることは想像に難くない。それでも撮影をやめず、SNSにこの動画を上げたミャンマー市民の覚悟を感じずにはいられなかった。

国連は、3月3日だけでミャンマー全土で少なくとも38人が死亡したと発表。この日を「血にまみれた日」と呼び、ミャンマー情勢に対し強い危機感を表明した。OSINTチームは3月3日も重点調査項目とすることを申し合わせた。

## エンジェル　19歳の女性の死

3月3日の犠牲者の中で、特にSNS上で注目を集めた女性がいた。第二の都市マンダレーでのデモに参加しているさなかに撃たれて亡くなったチェー・シンさん、19歳。周囲の人々からは「エンジェル」の通り名で呼ばれていたという。亡くなったとき、身につけていた黒いTシャツには「EVERy-THiNG WiLL BE OK」、きっとすべてうまくいくはずと書かれていた。一方で、彼女のフェイスブックには、「もし自分が死んだら、角膜や臓器を提供したい」という自らの死を覚悟したような記述もある。エンジェルさんはどのような気持ちでデモに臨んでいたのだろう——。彼女の死に思いを馳《は》せずにはいられなかった。

ＯＳＩＮＴチームのメンバーの間でも、エンジェルさんのことは話題になった。葬儀に大勢の人々が駆けつけて、クーデターに対する抗議の意を示す3本指を参加者全員で掲げる動画がアップされたり、エンジェルさんの姿をジャンヌ・ダルクに模してイラスト化し追悼する投稿が世界中で拡散されたり、エンジェルさんは弾圧による犠牲の象徴的な存在になりつつあったからだ。

私は、重点調査項目と定めた3月3日に起きた出来事の中で、エンジェルさんの死を解明できないかとメンバーに持ちかけてみた。

3月3日のデモで亡くなったチェー・シンさん（通称エンジェル）

「やりたいとは思いますけど、死に至る過程を解明するのは無理だと思います」

「そこまで手を広げる余裕は正直言ってありません。調べなければいけないことが山積みなんです」

「アムネスティも2月28日の調査を深めています。その線でいけませんか」

異口同音に調査の限界を指摘する声が返ってきた。

今回一緒にディレクター業務を担っている私には、彼女たち3人のディレクターがすでに持てる力を限界まで振り絞ってくれていることはよくわかっている。深夜1時や2時に報告があり、私が確認事項や調査の方向性を示すと、すぐに返信が返ってくるような日々が続いていたのだ。そして、この時点では私自身にもはっきりとした勝算があるわけではなかった。エンジェルさんのことを調べてみようという提案は取り下げざるを得なかった。

## 上がり始めた成果、しかし決め手はない

2月28日の弾圧に関しては、動画の分析が進んでいた。さまざまな角度で撮影された動画から、ヤンゴンの医学生や医療従事者たちによるデモ隊が治安部隊から催涙弾などを浴びせられ、狭い路地へと追い詰められていったことがわかってきたのだ。それぞれの動画に映るのはヤンゴンのどの場所なのか。グーグルマップと突き合わせながら、髙田里佳子が一つひとつ特定していく。樋爪を中心にしたアムネスティとの共同調査では、デモ隊に対する過剰な催涙弾の投射は、国際法違反にあたるのではないかとの指摘も出ていた。

3月3日の銃を撃つ警官や兵士を至近距離から隠し撮りしていた動画も、髙田里佳子が同じ日の別の動画をヒントに、撮影された場所の特定に成功。ミンジャンという中部の町だとわかった。その後、この日のミンジャンでデモ隊に死者が出ていたことも判明した。

ディレクターたちの努力が実を結び始め、デジタル調査は進展を見せつつあった。しかし、番組の核となる決定的なコンテンツになりうるかというと、まだそこまでの力はない。NHKスペシャルのような特集番組では、テーマを象徴し強い訴求力を持つコンテンツが必ず必要になることを、私はこれまでの経験から身をもって知っている。わかりやすく例えれば、30点のものを3つまとめてセット売りしても90点にはならない。合格点を取るには一つでいいから90点のコンテンツが必要になるのだ。OSINTチームを預かる者として胃が痛くなる日々が続いた。

## 針のむしろの検討会議　迫られた決断

3月17日。本格的に編集作業が始まるのを前に、NHKスペシャル事務局に対し、現段階の番組構成方針をプレゼンする場が設けられた。番組全体の流れを紙の資料で説明するため、私たちは通常「紙試写」と呼んでいる。

編集開始前のプレゼンとはいえ、NHKスペシャルを所管する大型企画開発センターからはセンター長をはじめNHKスペシャル事務局長、事務局次長の通称「三役」がそろう重要な場だ。番組スタッフはこれまでの成果を問われることになる。とりわけ私は三役の一端を担う上司から「OSINTの手法と話法を開発せよ」との命を受けている。しかし、このプレゼンで私はいくつかの調査項目についての調査方針を示すことしかできなかった。調査結果を示すべき場で、調査方針を語るというのはいわば「ゼロ回答」に等しい。いまだ、期待に沿う成果を上げられていないことは私自身がいちばんよく理解していた。

プレゼン後、三役をはじめ紙試写に参加したお歴々からは、「浅く広くＯＳＩＮＴで調査をしても、視聴者には響かない。ポイントを絞って徹底的にＯＳＩＮＴすることが必要ではないか」と口調は柔らかながらも鋭い指摘が飛んだ。矢面に立つ私としては、指摘を受けて何らかの方針を示さざるを得なくなった。

「一つ、核になる可能性があるものがあります。19歳の女性、エンジェルさんの死についての真相究明です」

一度は諦めて撤回した、あのエンジェルさんのことだ。番組を統括する立場の中村や善家からも、ぜひやるべしとの声が上がった。他に拠《よ》って立つアイデアがないことは、みなわかっていたからだ。しかし日々ＯＳＩＮＴに悪戦苦闘しているディレクター陣のために、ひと言申し添える必要があった。

「現場で諮った際には、エンジェルさんのケースをどこまで解明できるかは不透明だという声も上がっていることはご理解ください。そのうえで、最善を尽くしてやってみます」

とはいえこの時点で、私はすでにルビコン川を渡っている。もう後には退《ひ》けないのだ。OSINTチームのメンバーを信じて、何が何でもやり遂げるしかない。タイムリミットまであと2週間弱。時間との競争が始まった——。

# 第2章 「エンジェルの死の謎」に挑む（松島剛太）

## 一点突破の総力戦が始まる

「紙試写」を終えたあと、ＯＳＩＮＴチームはプロジェクトルームに集まった。どうすれば不可能と思えた難題への答えを導き出せるのか、早急に方針を立てなくてはならない。まずは、何が「壁」となって解明を阻んでいるのかを明らかにする必要があった。

「エンジェルさんの死の真相を突き止めるのが難しいと考える理由は何だろう？」

樋爪が答えた。

「エンジェルさんが参加していた3月3日のマンダレーのデモに関する動画や写真は、集められるだけ集めたと思います。でも、何によって死に至ったのか決定的な瞬間は映ってはいませんでした。オープンソースの調査で検証するのは無理だと思います」

それを聞いて私は、ＯＳＩＮＴチームの主力である樋爪たち3人のディレクターが、ＯＳＩＮＴという新しい調査報道を切り開くことにどれほど真剣であったのかを理解した。従来の取材とは異なる手法で成果を挙げなければならないと、常にプレッシャーと闘ってきたのだ。

そのために「オープンソースによる調査」にこだわり、知らず知らずのうちに自分たちの思考を縛っていた側面もあったのだろう。しかし、大事なのは「埋もれていた真実を明らかにすること」であって、それがすべてオープンソースによるものであるか否かは重要ではない。

今一度、チーム全員でそのことを確認する必要があった。

「自分たちの総力を挙げて、エンジェルさんの死の真相究明に取り組んでみよう。ＯＳＩＮＴ以外の手法も含めて、やれることはすべてやる。そのうえで、新たな情報が得られれば、ＯＳＩＮＴによる調査でも進展があるはずだ」

## 鍵を握る「4秒に満たない動画」

まずは、やれることを洗い出すことから始めた。すでに、エンジェルさんに関する動画や写真はほぼ集め尽くしている。その中には、たしかにエンジェルさんの死の瞬間を明確に捉えたものはない。

しかし、中には目を引く動画があった。それは4秒に満たない短いものだった。催涙弾の影響を避けるためか、ゴーグルをつけた女性が画面手前に走ってくる。服装は黒いTシャツにジーンズ。Tシャツの前面には白い字で英文が書かれている。すべての文字がはっきりと読み取れるわけではないが、最初の「EVERy」と最後の「OK」は識別できる。字体のデザインからも、エンジェルさんが着ていたTシャツに書かれていた「EVERy-THiNG WiLL BE OK」と同一である可能性が高かった。

動画には、数発の発射音が記録されていた。その最後の発射音のあと、女性の姿は他のデモ参加者の陰に隠れて見えなくなるが、次の瞬間、地面に倒れ込んでいる――。

動画はそこで終わっており、倒れた女性に何が起きたのかは確認できない。道路にはがれきが散乱しており、つまずいて転んだ可能性もあった。また、服装からエンジェルさんの可能性が高いと思われるが、ゴーグルをつけているため顔は確認できない。Tシャツも同じデザインのものが出回っていないとも限らない。

私たちは予断を持たず、この動画を徹底的に検証することにした。この動画が重要な意味を持つのか否かをはっきりさせる必要がある。そのために、デモの始まりから散り散りになって解散するまでの間の動画や写真が撮影された場所を特定し、時系列で整理する作業に取りかかることにした。そうすることで、デモのさなか、エンジェルさんがどういう行動をとっていたのかも見えてくる。倒れた女性がエンジェルさんと同一人物であるかどうかも明らかになるだろう。そして、もしこの4秒に満たない動画が、エンジェルさんが生きている姿を記録した最後のものだとわかれば、この動画が決定的な意味を持つことになる。

## 「後頭部を撃つことはありえない」軍の主張を崩せるか

エンジェルさんの死の真相究明にあたって、避けて通れない壁があった。軍はエンジェルさんの死から3日後の3月6日、国営テレビを通じてエンジェルさんの死についての責任を否定していたのだ。

その要旨は次のようなものだった。
・3月5日に埋葬された遺体を掘り起こし検視を行った結果、後頭部の左耳の近くに銃創があった。摘出された弾丸は治安部隊のものではない。

・治安部隊はデモ隊と向き合っていたため、後頭部を撃つことはありえない。エンジェルさんを殺害した犯人はデモ隊の側にいるはずだ。

軍はエンジェルさんの死に関与していないと真っ向から否定している。しかし、3月3日に亡くなった死者が40人近くいる中で、エンジェルさんの死についてのみ国営テレビで報じたのは何らかの意図があると思われた。その頃、エンジェルさんの死はSNSで世界に拡散され、「悲劇のヒロイン」として広く知られるようになっていたからだ。

エンジェルさんが左の後頭部を撃たれていたことについては、国営テレビは、SNS上にあったものと同じ写真を使用していた。ぐったりしたエンジェルさんと見られる女性が、抱きかかえられるようにしてバイクで運ばれるときの一枚だ。左耳のそばに銃創のような傷がある。エンジェルさんが後頭部を撃たれていたことについて、軍と民主派の市民側の見解に相違はなかった。しかし、軍が検視を行ったというのは本当だろうか?

調べてみると、エンジェルさんの遺体が掘り返されたことを非難する動画が見つかった。

動画には散乱する墓石と土が掘り返されたような跡が映っている。慌てて掘り返されて処置されたのか、医療器具とみられるものも残されていた。撮影者は怒気を含む声で、ここで何が行われたのかを説明している。

「エンジェルさんの遺体が掘り起こされ解剖され、縫い直された。エンジェルさんの墓が掘り返されたことは確かです」

国営テレビで発表した通り、軍が遺体を掘り起こしたことは事実であるようだ。しかし、「検視」と呼べるような形で検証が行われたのか。遺族は検視に同意していたのか。取材を進めたが、遺族をはじめエンジェルさんの周辺の人物には箝口令《かんこうれい》が敷かれているため、証言を得ることはできなかった。

そこで私たちは、軍のもう一つの主張、「治安部隊はデモ隊と向き合っていたため、後頭部を撃つことはありえない」という点について徹底的に検証することにした。そのためには、3月3日のデモの現場にいた人々の証言を集めなくてはならない。その日現場で動画や写真を撮っていた人たちに総当たりで話を聞いていくのだ。

入手した動画や写真の撮影場所の特定と時系列の整理に加えて、撮影者全員に対する証言取材。調査にあてられる時間が2週間を切っている中で、やりきることができるのか――。

メンバーからは不安の声も上がった。

「やるとしたらＯＳＩＮＴチーム全員で当たらなくてはなりません。そこまでして、エンジェルさんのケースにかけて大丈夫でしょうか？」

私の答えは決まっていた。当初、ＯＳＩＮＴという未知の世界に放り込まれた私は、右も左もわからず、正直なところ何で勝負すべきかの戦略を描きあぐねていた。しかし、限られた調査期間で何を立証すべきか目標が定まった今、やるべきことは何をおいてもやり遂げねば、結果は得られないのだ。

「軍の主張を覆す、この一点にかければ勝機はある。アナログな従来手法と最新のデジタル調査、どちらが欠けてもダメなんだ。ここは全戦力を投入して事に当たろう」

全員で意思統一してからの動き出しは早かった。ＯＳＩＮＴチームの活動は、ミャンマー出身の方を含む3人のリサーチャーに支えられている。ビルマ語が話せるだけでなく、独自の人脈も証言取材の強みになる。重点項目を共有した彼らは、全力を挙げて調査に着手してくれた。

NHKの海外ネットワークもフル稼働していた。ミャンマーを管轄するのはタイのバンコクに拠点を置くアジア総局だ。エンジェルさんの死に焦点を絞ったことで、関連がありそうな情報を速やかに共有してくれるようになっていた。

そして、東京の自宅の6畳間から、タブレット端末とスマホを武器に、現地の映像や情報を集め、弾圧の実態を検証してきたウィン・チョウさんとマティダさん夫妻。二人もまた、エンジェルさんの死に心を痛め、同じく日本に暮らすミャンマー人の若者たちとともに調査を始めていた。

何をどこまでできるかは誰にもわからない。しかし誰もが、自分が果たすべき役割を全うしようと集中していた。

## 白紙回答の「一試写」

OSINTチームをはじめとする取材陣が全力で調査に取り組む中、私は上がってくる情報を編集室で精査する作業を続けていた。あてがわれていた編集室は、たまたま空いたスペースを編集用に転用したのか、ふだんは我々プロデューサーやディレクターがほとんど足を踏み入れることのない一角にあった。窓はなく、室内で作業に没頭していると今が昼なのか夜なのか、昼夜の区別もつかなくなってくる。

しかし、二つだけよかったことがあった。窓がない分、ＯＳＩＮＴチームから上がってきた写真や情報を壁一面に貼り出して眺めることができる。そしてもう一つ、部屋の片隅に古いとはいえ体を横たえることができる長さのソファがあったこと。徹夜続きのさなか、たとえ30分でも横になれる場所があることは、若くはない身にむち打ってディレクター業務を兼務する私にとってはありがたかった。

環境はともかく、私にとって〝戦場〟ともいうべき編集室には頼りになる相棒がいた。編集マンの加藤洋一だ。編集マンとは、ディレクターと一緒に映像をつむぎ、点と点でしかなかった映像をシーンに、さらにはストーリーへと昇華させていく、番組には欠かせない存在だ。

加藤とはこれまで何度も一緒に番組を制作している。映像表現を突き詰めることにこだわりがあり、それを実現する腕も持っている。何より加藤は、単に映像をつなぐだけでなく、効果的な映像加工を施したりテロップをデザインしたり、最終的なビジュアルイメージに高めていくセンスが抜群だった。そして、それに伴う膨大な労力を決していとわない。ＯＳＩＮＴの手法と話法を開発せよというミッションをこなすにあたり加藤の能力は必須だった。

しかし、その力を発揮してもらうにも、ベースとなる調査結果が上がってこなければ作業のしようがない。エンジェルさんの死の真相究明にＯＳＩＮＴチームの全精力を注ぐことに決めて４日。まだ、確たる調査の結果は出ていなかった。そうした中、ＮＨＫスペシャル制作チーム全体で行う１回目の試写が翌日に迫っていた——。

私たちは1回目の試写を通常「一試写」と呼んで重要視している。なぜなら、通常「一試写」には取材の成果を細大漏らさず盛り込むことになっており、ディレクターの思いのたけをぶつける場でもあるからだ。大人数で制作するＮＨＫスペシャルなどでは、ディレクターそれぞれが全精力をかけて「一試写」に臨んでくるため、そこで成果を示せなければ、活躍する場を失うことさえある。その場で提示されなかったものは、往々にして議論の対象から外れてしまうのだ。

そんな大切な「一試写」を前にして、私と加藤は具体的な作業に取りかかることもできず、「一試写」では口頭で進捗を説明するにとどまった。いわば「白紙回答」だ。これまでの20年以上のキャリアの中でも経験がない事態だった。作業が遅れれば遅れるほど、後の作業はキツくなる。番組全体としても、ＯＳＩＮＴチームにどれだけ依存していいものか、不安も生じるに違いない。番組全体を統括する立場にある善家には、「まだ調査には時間がかかる。最後は帳尻を合わせるから、もう少し待ってほしい」と伝えた。私が逆の立場であれば、ＯＳＩＮＴで勝負することができない場合に備えて次善の策を考えるよう指示したかもしれない。しかし善家は「任せるよ」とひと言言っただけだった。

善家が私を信頼して待ってくれたように、私もＯＳＩＮＴチームのメンバーを信じて、成果が上がるのを待っていた。

## 見えてきたタイムライン

３月23日。デモの動画と写真の撮影場所を特定しながら、時系列を整理していた髙田里佳子から、ついに調査結果が上がってきた。

「一課長、報告です！」。編集室を訪ねてくるなり、彼女はそう弾む声で言った。毎回、調査方針を決める〝捜査会議〟を開いているうちに、私には「捜査一課長」というあだ名がついていたのだった。

編集マンの加藤を含む３人で、マンダレーの地図上に、場所を特定できた動画や写真を一つひとつ配置していく。井上のアドバイスで、写真の場合は撮影者に生のデータを送信

動画や写真が撮影された場所を特定。エンジェルさんの動きが明らかに

してもらい、そのデータから撮影時刻と撮影地点の緯度・経度の情報も確認していた。衛星画像やグーグルのストリートビューを用いた場所の特定に、データの裏付けが加わることによって、プロットの正確性は格段に増していた。

現場となったのは、マンダレーの中心街を南北に貫く大通りの一つ、84番通り。84番通りと東西に走る30番通りの交差点を挟んで、デモ隊と治安部隊がにらみ合っていた。

午前11時50分。治安部隊による発砲が始まった。

その様子を捉えた写真を見ると、治安部隊には警察と軍が混在している。警官の中にはショットガンを所持している者がいること、迷彩服を着た陸軍の兵士は自動小銃を所持していたことが、複数の軍事専門家への取材からわかってきた。

発砲が始まったとき。画面左の迷彩服を着た兵士の手には自動小銃が見える

発砲を受けて、エンジェルさんたちデモ隊はジリジリと後退していく。動画では、エンジェルさんの姿も確認できる。治安部隊を見据えながら後ずさりしたり、背を向けて走って逃げたりする様子が記録されていた。

そして、追い詰められたデモ隊は84番通りと31番通りの交差点にさしかかる。この時、撮影されていたのが、黒いTシャツの女性が倒れ込む4秒に満たないあの動画だった。動画や写真を一つひとつ時系列に整理したことで、やはり女性はエンジェルさんだったことが確かめられた。

## 撃たれた前後を捉えた2枚の写真

現場で動画や写真を撮影していた人に目撃したことを取材していた髙田彩子からも、重要な情報がも

写真左　画面手前に黒いTシャツ姿のエンジェルさんが見える
写真右　抱きかかえられる人の服装からエンジェルさんと見られる

たらされた。エンジェルさんと思われる人物が写っている写真2枚が、新たに入手できたというのだ。撮影された場所は84番通りと31番通りの交差点付近。エンジェルさんが倒れ込む動画の撮影場所と一致する。写真に記録されていた生データから、正確な撮影時刻もわかった。

午前11時59分05秒の写真では、エンジェルさんはまだ自分の足で立っている。それが30秒後には、周囲の人に抱きかかえられている。エンジェルさんの身に重大な障害が発生したことは明らかだった。

## 音の解析からも銃弾を受けた可能性が高まる

私たちはさらに、倒れる瞬間に聞こえる発砲音との因果関係を検証することにした。編集マンの加藤は、4秒の動画と同じ瞬間が記録されている動画の中から、より音が鮮明な動画を見つけ出してくれた。それを樋爪が音響分析の専門家のもとに持ち込んだ。同じ動画をＮＨＫの音声と音響効果の専門家にも解析を依頼する。その結果、エンジェルさんが倒れる直前に聞こえている発砲音は、催涙弾の音とは異なるとの見立てが示された。さらに、複数の軍事専門家にも音を聞いてもらったところ、自動小銃の発砲音である可能性が高いことがわかった。

私たちＯＳＩＮＴチームは、全員でプロジェクトルームに集まって、詰めの〝捜査会議〟を行った。エンジェルさんが倒れる動画を別の観点から検証し、矛盾がないか確認することにしたのだ。

テレビの映像は１秒間に30フレーム。つまり、１秒につき30コマの映像があることになる。倒れる直前の発砲音がしてから、エンジェルさんが倒れるまでの間は7フレームだった。音の速さを秒速３４０メートルで計算すると、銃弾はおよそ80メートルの距離から発射されたことになる。

そこで、デモ隊が84番通りと31番通りの交差点付近にいたとき、治安部隊はどこまで追っていたのかを調べてみた。映像から判明した治安部隊の位置は、デモ隊の奥、約80メートルだった。

## 多角的な分析から見えてきた真実

ウィン・チョウさん夫妻も、独自に調査を続けていた。そしてついに、3月3日のデモでエンジェルさんと行動をともにしていた男性に辿り着いた。

ウィン・チョウさん「その時のことを話してくれないか？」

男性「部隊が強制排除に乗り出して、銃撃が始まった。後退しながら振り向くと、エンジェルに銃弾が命中した。銃声と倒れた音がほぼ同時だった」

収集した動画や写真の検証、発砲音の分析、そして目撃者の証言。それらすべてが、「治安部隊はデモ隊と向き合っていたため、後頭部を撃つことはありえない」という軍の主張とは異なる状況を示していた。エンジェルさんは自動小銃で背後から撃たれた可能性が高まった。

こうした調査結果をもとに私は台本を書き上げ、加藤とともに編集を仕上げる作業に入った。膨大な動画と写真をわかりやすく整理し、多岐にわたる調査結果を直感的に理解しやすいビジュアルにまとめられたのは、加藤の手腕によるところが大きい。ディレクター

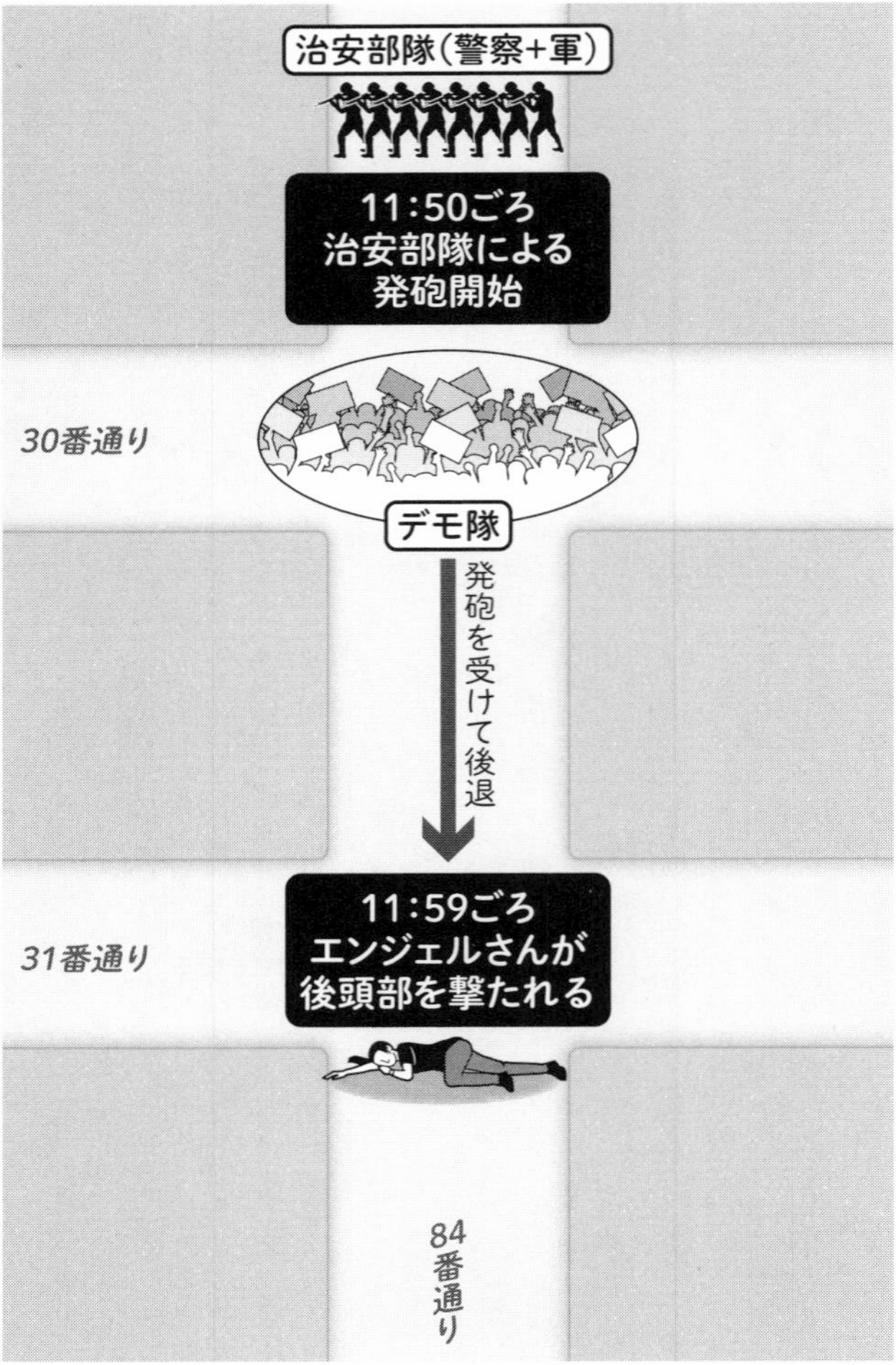


エンジェルさんが撃たれるまでの約10分間の位置関係。検証の結果、デモ隊と約80メートル離れて対峙していた治安部隊から自動小銃で撃たれた可能性が高まった

やリサーチャー、海外の最前線で取材にあたる記者やスタッフ。大量の翻訳をさばいてくれたビルマ語通訳の方々。さらに発砲音の解析をしたいというリクエストに応え、最新の機器を用いて分析に当たってくれた番組の音声チーム。一つの番組が完成する裏側には、自己の持つ能力を最大限発揮しようと努める多くのスタッフの献身がある。

4月3日。NHKスペシャル事務局の三役を迎えて完成試写と講評が行われた。その中にこんな言葉があった。

「OSINTの手法と、OSINTを用いた新たな番組の話法が確立されたね」

私にとって、ようやく肩の荷が下りた瞬間だった。

## OSINTに取り組むことで見えてきた可能性と課題

2021年4月4日に放送されたNHKスペシャル「緊迫ミャンマー　市民たちのデジタル・レジスタンス」はNHKの内外で大きな反響を得た。評価する声の多くは、困難な状況にあっても、あらゆる手法を駆使して真実に迫ろうという「NHKの本気度」に対するものであったように思う。

今回、私自身、ＯＳＩＮＴという新たな手法で取材・番組制作に取り組む中で、改めて「メディアの役割とは何か」を自問自答するようになった。これまで私たちは、一般の方が撮れないような映像を記録し、活用することでプロフェッショナルたる所以を示してきた。

ところが、今回、決定的な瞬間を記録したのはスマホを手にした勇気ある一般市民だった。そして、その映像は瞬時に世界に拡散され、誰か一人のものではなくオープンソースとして「共有財産」となっていく。

オープンソースは「共有財産」ではあるものの、活用するにはデータを収集しデータベース化することに始まり、一つひとつ真偽を検証する膨大な作業が必要となる。とても個人でやりきれるものではなく、プロ意識を持ったジャーナリストが集団で当たらなければ手に負えないというのが実感だ。

そうであるならば、今回の番組の制作過程で得たＯＳＩＮＴに関する知見は、広く共有し、一人でも多くの人間が同じ問題意識を持てるようにすべきだろう。たとえば、ソフトウエアなどの技術開発の世界でも、一社が自前ですべてを開発するクローズドイノベーシヨンから、オープンイノベーションへと変化したように、ジャーナリズムにデジタル調査の手法が加わったことで大きな地殻変動が起きるのではないか。そして、それはおそらく必然であると私は予感している。

ミャンマー情勢は、番組の放送後も混迷の度を深め、私たちはすぐさま第2弾の制作に取りかかることになった。同時に、我々NHKの中にOSINTを実行できる人材を一刻も早く育成しなければならないという課題にも向き合うことになる。

# 第3部　「デジタルハンター」成長記

# 第1章　OSINT技術を学んだディレクターたち（石井貴之）

## 「OSINTの研修を受けたいディレクター募集！」

2021年4月、NHKの報道局の制作現場でも、OSINTの専門技術を使えるディレクターの育成に乗り出そうとしていた。NHKスペシャルでのミャンマー報道などを例に、新しい調査報道に本気で取り組もうという機運が高まっていたからだ。

その第1弾として、若いディレクターを中心に、世界的に有名な調査報道機関「ベリングキャット」のワークショップを受けられるプログラムが立ち上がった。この募集の呼びかけに、政経・国際番組部を中心に10人ほどのディレクターが手を挙げたが、私も、その一人となった。

私（石井）がOSINTの技術を習得したいと思った背景には、コロナ禍で番組制作をめぐる環境が大きく変わっていたことがある。私の所属していた政経・国際番組部（国際班）は、取材の主戦場を海外としており、コロナ前、居室の壁にかけられたメンバーの所在を知らせるホワイトボードには、「ワシントン出張」「北京出張」など世界各国の都市名が記され、さまざまなタイムゾーンにいる同僚たちの動静連絡が深夜早朝を問わず送られてきていた。番組を作るうえで、現地に足を運び、自分で直接見聞きすることが重要だと教わり、私もそう信じていた。コロナの感染拡大が始まるまで5年ほどは海外出張を繰り返し、過激派組織ＩＳ（イスラミックステート）との戦闘が行われているイラクや、パレスチナの難民キャンプ、旧ソ連の核実験場跡地や対ロシアの防空最前線であるエストニアの基地など、世界中のあらゆる場所を訪れていた。そのため、コロナによる海外への渡航制限で現場に行けなくなったのは忸怩《じくじ》たる思いがあり、少しでも早く元に戻ることを夢見ていた。

収束の兆しがまったく見えない中で、私は、新型コロナウイルスの起源を探る取材を、北京の中国総局、パリの欧州総局にいるプロデューサーたちや、各国に住むフリーランスのリサーチャーたちと始めていた。本来であれば最初に感染拡大が始まったとされる中国湖北省・武漢市の海鮮市場や、その近くにあるウイルス研究所、またコロナウイルスの宿主と言われるコウモリが多く生息する中国南部の山岳地帯へ取材に向かいたいところだったが、ウイルスの起源をめぐっては、中国当局はかなり警戒を強めていた。そのため、海鮮市場への立ち入りは厳しく制限され、疑惑の渦中にあったウイルス研究所についても、さまざまなルートを通じて取材を試みたが、徹底した箝口令が敷かれているようで、取材は困難を極めた。

そこで私たちは、OSINTを駆使して、SNSの投稿や、当局の発表、論文のデータベースなどのオープンソースを手当たりしだいに集めて調査を行うことにした。OSINTについて独自にノウハウの習熟に努めていた社会番組部デジタル班の淨弘《じょうぐ》修平ディレクターと、日々世界の科学者たちが書いた科学論文に目を通しているサイエンス系の番組を専門としてきた佐藤匠ディレクターも加わった。

私たちはアーカイブサイトの「Wayback Machine」を使用し、中国当局によって削除されたウェブサイトをつぶさに調査した（Wayback Machineでは検索ボックスに削除されて表示されないウェブサイトのURLを入力すると、削除前に保存されていればページが表示される）。

また、プログラマーたちがコードを共有するために利用するプラットフォームの「GitHub」は、欧米のSNSが使えない中国の市民活動家たちが海外とやりとりするために使う〝抜け道〟の役割を果たしており、そこから貴重なデータも入手することができた。さらに中国版ツイッター「ウェイボー」や論文のデータベースなどから、ウイルスの感染拡大が、これまでの〝定説〟よりも早く始まっていた可能性などを明らかにした。

この番組を制作して以来、OSINTの知識をしっかりと身につけるためには、自分も

「ベリングキャット」などから専門的な研修を受けなければならないと思うようになっていた。

しかし、海外に行き、受講することはできないからと半ば諦めかけていたとき、コロナ禍で開催中止となっていた「ベリングキャット」のワークショップがオンラインで再開。思わぬチャンスがめぐってきたのだった。

## “シェアの精神” ネット上にあふれる教材

私が受講したのは4時間のワークショップを4日間受けるというものだった。

創設者のエリオット・ヒギンズ氏こそ現れなかったが、コアメンバーたちが講師となり、東京にいながら「ベリングキャット」のメンバーのスキルを学べることに胸を躍らせていた。

参加者は数十人、自己紹介が始まると、ジャーナリストだけではなく、国連機関、環境NGO、宇宙開発企業などで働く人々や、軍関係者だという人物もいた。さらにオンラインということもあってか、アジアやアフリカ、南米など世界各地から参加していて、いかにOSINTが注目されているのかを感じた。このワークショップでは、基礎的知識を教わる「講義編」と、具体的なウェブ上のツールを実際に使って、例題を解いていく「実践編」とで構成されていた。

ここで、その内容について詳しく述べたいところだが、「ベリングキャット」のワークショップは有料のため、紹介することができない。

今回、NHKからこのワークショップに参加したのは8人。私たちは学べば学ぶほど、OSINTの魅力にはまっていき、その後も、この新しい調査手法をどうすればテレビ報道に活かせるのか？　どんなツールが有効なのか？　などを研究するようになった。その結果、「ベリングキャット」以外にも、無料で学べる教材が数多く存在することを知った。

OSINTでは〝シェアの精神〟が当たり前となっており、巨悪に立ち向かうために情報やツールが広く共有されている。スクープを取り合うのではなく、最終的に誰かが真実を暴いてくれるのであれば協力する、という精神なのだ。オールドメディアで10年以上働いてきた私にとっては衝撃だった。

たとえば、「ベリングキャット」の寄稿者ベンジャミン・ストリック氏は、ユーチューブ上（チャンネル名「Bendobrown」）で「OSINT At Home（お家でOSINT）」と題し、オシントテクニックの動画を公開している。動画や写真に映っている山の稜線から、その場所を特定する方法や、山火事などが発生したタイミングを衛星画像や地図アプリを駆使して特定する方法などは30分ほどの見やすい動画（英語）にまとめられており、初心者でもとてもわかりやすい。

さらにニューヨーク・タイムズのビジュアル・インベスティゲーションチーム（Visual Investigations）は、アメリカの連邦議会襲撃の経緯を、現場で撮影された膨大な動画を収集し検証。混乱の中で亡くなった警官の死因などに迫っている。また、衛星画像や船舶の航路などを知ることができるツールを活用し、北朝鮮への〝瀬取り〟を暴いたりしている。

各メディアがさまざまな事件の真相をＯＳＩＮＴで暴くために、どのようなツールを使い、証拠を積み重ねていったのかがわかるため、これらもまたよい教材となっている。

なかでも、有料の研修にも引けを取らない無料のオンライン講座を提供しているのが国際的な人権団体アムネスティ・インターナショナルだ。

OPEN SOURCE INVESTIGATIONS FOR HUMAN RIGHTS（advocacyassembly.org）はパート１とパート２（各90分）に分かれている。講師に教えてもらうわけではなく、動画とスライドの視聴のみだが、ＯＳＩＮＴの歴史や、基礎的な情報、代表的なツールの紹介、そして実際に行われた調査のケーススタディなど、ＯＳＩＮＴを始めるにあたって重要なことが詰め込まれている。学習時間はそれぞれ90分ずつとなっているが、きちんと理解しツールを習熟するには数倍の時間を要する密度の濃い内容になっている。

アムネスティ・インターナショナルは1961年に発足した世界最大の国際人権NGOで、世界中で人権侵害が起きていないかを監視している。1977年にノーベル平和賞を受賞したことで知られているが、彼らも世界の人権状況を監視する際にOSINTを利用してきたのだ。

彼らの調査対象となることが多いのが、紛争地や、独裁国家、専制国家などであるため、現地を訪れて調査することは困難を極める。特に国家によって犯罪行為が行われた場合、その事実が暴かれることを防ぐために、地域の封鎖や立ち入りを拒否する可能性もあるし、現地に行けば、武装組織や犯罪組織から命を狙われる可能性もあるからだ。そのため、ほぼすべての調査をその国に入らずに行い、犯罪の証拠を集めて立証しなければならなかった彼らにとって、OSINTを利用するのは必然だった。アムネスティ・インターナショナルは、アフリカのブルンジで、2015年に警察が市民を殺害し集団墓地に埋めたことやその場所について、衛星画像、映像、目撃者の証言などを用いて、説得力のある証拠を提示した。

アムネスティ・インターナショナルの講座では、特に、OSINTの心得について時間を割いていた。これまで、私はOSINTのツールを過大評価しており、ツールさえ習熟すればさまざまなことが明らかになると考えていた。しかし、知れば知るほど、そう単純なものではなく、ツールを使いこなせるのか否かは、それを使う人間の知識や能力が問われるということがわかってきた。ここで、具体的なツールを紹介する前に最も重要だと感じたことについてまず触れたい。

## フェイクに惑わされない「ベリフィケーション」の重要性

アムネスティ・インターナショナルの研修では、OSINTの歴史や概要についての説明が終わると、「ベリフィケーション(検証)」について説明が始まった。

ベリフィケーションとは、ネット上に投稿された動画や写真が「フェイクではないか」、そして「誰が、いつ、どこで、どんな目的で撮影し投稿したか」について明らかにするということだ。

紛争地域での被害状況や、国家権力による弾圧について調べる場合、たくさんの情報が一気に拡散し、その中で誤った情報に突き当たってしまう可能性が高い。

たとえば、シリアの映像として、パレスチナ・ガザ地区の映像が投稿されていたり、過激派組織ＩＳの映像として、アルカイダの映像が投稿されていたりと、意図的か否かは問わず、間違った映像が投稿されている場合がある。場所は合っていても日付が異なっているケースも少なくない。

また、もっとひどいのは、「戦闘機からの空爆」として投稿された映像が、戦争ゲームの映像だったこともある。ウクライナでのニュースの中で、こうした情報を目にした人も多いのではないだろうか。オープンソースを利用するうえでは、それが本物かどうかを判断することが最も重要となる。

先述した通り、ＮＨＫスペシャル「緊迫ミャンマー　市民たちのデジタル・レジスタンス」では、まさにクーデター直後の混乱の中、膨大な動画や写真が一気に拡散した時期に制作が行われていたため、この「ベリフィケーション」がとても重要となった。

この作業を正確に行うためには、その事象に対し、正しい背景の知識を持ち合わせていること。そして、正しい問いを立てられること。さらに、正しいツールを知り、使いこなせることが必要になる。しっかりした検証能力がなければ、自分自身がだまされるだけでなく、フェイクを広めてしまいかねないからだ。ＯＳＩＮＴを利用したジャーナリズムにとって「検証」がいかに重要かということは、自分で撮影していない映像や画像を使うことの危険性を表しているといえる。しかし、残念ながら、動画や写真の信憑性を瞬時に証明してくれる夢のようなツールがあるわけではない。

それでは、実際どのように「ベリフィケーション」していくのか。それは一つひとつツールを使い、一歩ずつ結論に近づいていくしかない。

アムネスティ・インターナショナルの講座では「ベリフィケーションに必要なマインドセットは、動画や写真の信憑性を立証するためにどのような質問が必要かを判断すること」とある。つまり証拠となりうる動画や写真をまずは疑い、その疑問を解消することで真実性を高めていくのだ。そこでカギとなるのが、「5W」だ。いつ、どこで、誰が、何を、なぜ、これらの問いを一つずつクリアしていく。

**WHEN　いつ撮影したのか？**

**WHERE　どこで撮影したのか**

**WHO　誰が撮影したのか？　誰が発信したのか？**

**WHAT　何を撮影したのか？**

**WHY　なぜ撮影したのか？　なぜ投稿したのか？**

いつ、どこで、誰が撮影したのかを調べ、オリジナルでない可能性、転載されたものである可能性、ボットによって投稿された可能性なども考慮する。

この5Wを明らかにしていく際に行う一歩目が「リバースイメージサーチ」だ。「画像検索」と覚えるのがわかりやすい。対象の画像を、グーグル画像検索やマイクロソフトのBing画像検索（bing.com/images）、ロシアの検索エンジンYandex（yandex.com/images）など複数のサイトで画像検索してみる。すると同じ写真が掲載されている投稿や記事などが一斉表示される（検索する画像によっては似ているものが多数表示される場合もある）。複数の検索エンジンを使用する理由は、それぞれの検索エンジンによって結果が異なるためだ。同じ画像がたくさん投稿されている場合は、転載されている可能性が高いため、いちばん古い投稿者を探していくことで撮影者に近づいていくことにつながる。

場所がわかっている場合には、SunCalc（suncalc.org）というツールで影の長さや方角を調べ時間を特定することも可能だ。地図上で調べたい建物などを表示し、日時と建物の高さを入力すると影の方向と長さが表示される。たとえば東京タワーを選択し日時を入力、高さ333メートルと入力すれば、影がどこまで伸びているかわかる。東京タワーの影から日時を逆算することが可能なのだ。また、天気を調べることによって、そのコンテンツが撮られた日時が正しいか検証することができる。さらに世界各地の天気を調べることが

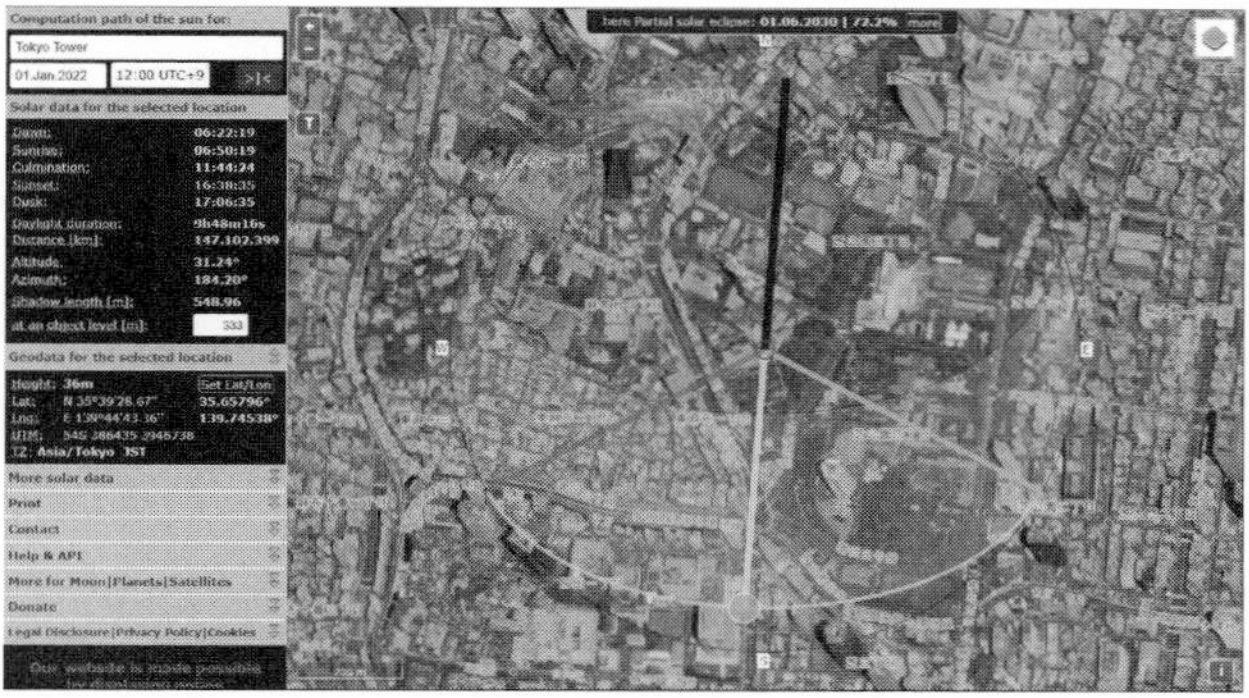


SunCalcを使って2022年1月1日正午における東京タワーの影の長さを計算

できるWolframAlpha（wolframalpha.com）の検索ボックスに地名や日時を打ち込むと当日の天気が表示され、雨が降った日であれば降った時間帯などもグラフで確認することができる。対象となる映像や画像が撮影された日時と場所をこうしたウェブサイトで調べることで信憑性を高めることができる。

また、メタデータを調べることも有効だ。メタデータとは、動画や写真などのデータが撮影された日時、GPSの位置情報などが記録された文字情報のことで、メディアが撮影されたデバイスなどが記されることもある。しかしフェイスブック、ツイッターなどではアップロードされた時点で素材のメタデータが消されてしまい、投稿されたコンテンツから確認することはできない。そのため、動画・画像ファイルを直接撮影者から入手したときなどは、メタデータを確認することによって素材の信憑性を補強することができる。

また、アムネスティ・インターナショナルのYouTube DataViewer（citizenevidence.amnestyusa.org）では、調べたいユーチューブの動画のリンクを検索するとアップロードされた日が表示され、さらに、自動で類似した動画の検索が行われる。つまり、動画でも「リバースイメージサーチ」をすることができるというわけだ。こうした動画のリバースイメージサーチを行うことのできるツールは、他にもＩｎＶＩＤ（invid-project.eu）がある。

さらに私がいちばん驚いたのは、ＡＩの顔認証機能を使った人物画像検索だ。

たとえば「スーツを着た自分の画像」をグーグルの画像検索などで調べてみると、似たような色のスーツを着た人がたくさん出てくるはずだ。メガネを掛けていたり髭《ひげ》を生やしたりしていれば、その特徴に似た人物の画像が出てくるだろう。しかし自分自身の写真はほとんど表示されない。そこで、PimEyes（pimeyes.com 有料サービス）で「スーツを着た自分の写真」の画像検索をかけると、自分自身の写真が複数出てくるのだ。私の場合は数年前のどこで撮ったかもわからない写真が複数表示され、そんな写真がウェブ上にあったことを知らずぞっとした。このツールはＡＩの顔認証機能を利用しているため、検索した画像とまったく違う服装や髪型、画角や構図でもヒットする可能性がある。たとえば、名前を調べたい人物がいる場合、その人物の顔を画像から切り出して検索をかけると、場合によっては、その人物がSNSに投稿した写真や、記事を探し当ててくれ、名前などの情報を知ることができる。

こうしたツールは日々新しいものが出てきている。ネット上で「Verification Tool」と検索すると、多くの団体が「ベリフィケーション・ツール」を共有しているため、定期的に調べるようにしている。

## OSINTの伝家の宝刀〝ジオロケーション〟

OSINTによる分析の中で「伝家の宝刀」とも呼べるのが、動画や写真にある手がかりを地図アプリなどと照合し、その場所を特定する〝ジオロケーション〟だ。

先に述べたベンジャミン・ストリック氏のユーチューブで紹介されているのは、このジオロケーションに使うさまざまなテクニックだ。

実際、どのようにジオロケーションするのか。

まず、動画や写真から以下のような特徴を探し出す。

・木などの植物、土の色、道路の色、山の稜線、地形、壁や建物の色や形、塔など目印と

なるユニークな建物
・人間の特徴、服装
・道路標識などのサインボードに書かれている情報、言語、電話番号

ＯＳＩＮＴの中で最も強力な分析手法であり最も難しいとされるジオロケーション。複数のツールを熟知していることや、クリエイティブに思考できるか、また問題解決能力があるかどうかということが問われる。

たとえば、

・ある映像に映り込んでいたマンホールの模様から町を特定し、看板に記されていた電話番号の一部と町の市外局番を組み合わせて場所を特定する――
・影の向きから方角を割り出し、写真に写り込んだ山の稜線と地形の特徴からグーグルアースで場所を特定する――

などの組み合わせによって場所を絞り込んでいく。他にも、動画であれば一場面をキャ

プチャーすることで「画像検索」をかけ、タイミングや、切り取る部分を変えるなど、あらゆるパターンで検索をかけ手がかりを探る方法もある。場所が絞れていればグーグルマップのストリートビューや、ユーチューブでドローン映像を探し、見てみるというやり方もある。

ジオロケーションは難易度が低いものであれば、誰でもすぐにできる。しかしジオロケーションの達人たちが特定したものの中には、普通ならすぐに諦めてしまうようなものが多々ある。というのも、ジオロケーションする動画や写真が多くある場合、一つの画像とずっとにらめっこしているわけにはいかない。粘り続けた結果、何も成果が得られないこともある。そのため諦めるタイミングの線引きが必要になってくるはずだ。

達人たちにとって、まったく手がかりがないような画像を諦めずに調べ続ける基準とはどのようなものなのか？　それは直感なのか？　経験なのか？　あるいは執念なのか？　それは、膨大な動画や写真を見続ける中で備わった直感や経験、執念などすべてによって決まるのだと、私は感じた。その一つでも欠けると成功しないのが、ジオロケーションという世界なのかもしれない。

## 従来の取材とは異なる落とし穴

自由に使いこなせれば一気に取材の幅が広がるＯＳＩＮＴ。

しかし、すでに述べたこと以外にも、気をつけなければならないことがある。

アムネスティ・インターナショナルが講座の中で、繰り返し警鐘を鳴らしていたのが、調査する側に対するメンタルケアだ。

暴力的で悲惨な動画や写真を繰り返し見ることによって、トラウマになる危険性に留意しなければならないということだ。

映像を音声を出さずに見ることや、動画の表示をスクリーンいっぱいにしないこと。直視せず、定期的に画面から視線を外すことなど具体的なアドバイスも講座には盛り込まれていた。

他にも調査を行う自分自身がデジタル上で追跡されるなどの危険な目にあわないように、自身のアカウントとは別のアカウントを作り、個人や所属する組織を特定できる情報が流出しないようにすることも指摘されている。ＯＳＩＮＴの技術は悪意をもって利用されると、危険なものになる。そのことを心得る必要性を強く感じさせられた。

## 日進月歩の衛星画像

各メディアがこぞって取り入れ、今や世界的な潮流になっているＯＳＩＮＴ。ここまで急速に広がり始めた背景には、技術の進歩がある。

途上国ではスマホを持つ人の数は年々増えており、さらに搭載されているカメラも高性能化、通信速度も速くなり、高解像度の映像を送ることも容易になっている。また、ＳＮＳで発信された動画や写真とならんで、重要なオープンソースとなっている公文書へのアクセス方法にも大きな変化が起きている。

組織犯罪と汚職を監視するジャーナリスト団体ＯＣＣＲＰ（Organized Crime and Corruption Reporting Project）は、ウェブサイト上で公文書やリークされた文書のプラットフォームを作成し、２３０以上のオンラインソースから集めた20億件以上の記録を、ジャーナリストや研究者たちが調べることができるようにまとめている。これまで公文書館などにおいて紙媒体で保存していたものがＡＩの文字認識機能や翻訳機能によって整理され、検索すれば知りたい情報に効率的にアクセスできるようになっている。

なかでも驚くべき進化を続けているのが、衛星画像だ。かつては、各国政府が持つ衛星が撮影しており、アクセスが限られていたが、民間でも利用できるようになったことで、ＯＳＩＮＴの最大の武器とも呼べるものになっている。

衛星画像は、そもそも、ロケットによって宇宙空間に打ち上げられ地球の軌道を周回する小型人工衛星によって撮影されるものだが、近年、宇宙ビジネスに民間企業が相次いで参入したことによってロケットの打ち上げコストが低価格化し、民間の衛星画像を販売する会社が続々と誕生している。衛星画像は軍事や諜報の分野だけでなく、気象情報や、農業における植物の育成状況の評価、環境分野では森林の山火事の監視や、違法伐採の監視など利用用途が幅広い。安価で高画質な画像を提供しようとする企業の競争が過熱している。

衛星画像ではどこまでこまかく見られるのか？　今最も解像度が高い民間衛星画像を提供しているのが、ウクライナの報道でも多用されているアメリカのＭＡＸＡＲ（マクサー）社だ。ここは解像度が30センチ。30センチ以上の物体であれば見分けることが可能で、車両や航空機、船舶、建物であれば問題なく識別できる。人の姿も黒い点として映し出されるため、その他の証拠と組み合わせることで証拠の裏付けや補強をすることができる。

解像度は、企業によって1平方メートル、3平方メートル、10平方メートルなどがあり、費用は1枚あたり数万〜数十万円。企業によって、さまざまなパッケージプランがある。日本企業の参入も相次いでおり、より高画質の画像が、よりリーズナブルな価格で手に入る時代がすぐそこまできているのだ。

また、東欧スロベニアのSinergise社が提供するSentinel Hub EO Browser（apps.sentinelhub.com/eo-browser）では10平方メートルの衛星画像を無料で見ることができる。同一地点で5日に1枚は撮影されている。またGoogle Earth Proをダウンロードすると、多くの地点でMAXAR社の画像を見ることができ、時計のアイコン「過去のイメージを表示」からはさかのぼって画像を確認することができる。場所にもよるが年に数枚程度の更新が行われている。

各社が販売する衛星画像と組み合わせて利用されているのが、船舶の位置情報を示す船舶位置情報サービスだ。大型の船舶は航行の安全のためAIS（船舶自動識別装置）によって位置情報を発信することが義務づけられている。MarineTraffic（marinetraffic.com）などの船舶位置情報サービスでは、AISの情報などをもとに、世界中のどの船舶がどこを航行しているか、どの港に停泊しているかリアルタイムで見ることができる。地図上の船舶を選択するとその船の名前や国籍、船の大きさや種類、出発地から到着地まで表示されるのだ。

国連安保理の北朝鮮制裁委員会専門家パネルでは、こうしたサービスなどを利用して制裁対象の船舶を監視、衛星画像と組み合わせることで、制裁違反などを調べ警告している。

船舶は、長さが100メートル以上あるものも多く、雲がなければ衛星画像でも船舶を特定することは難しくはない。またVesselFinder（vesselfinder.com）も船舶位置情報サービスとして代表的なものだが、実際には、複数の位置情報サービスで確認しベリフィケーションを行わなければならない。同様の仕組みで航空機を追跡するものにADS-B Exchange（globe.adsbexchange.com）やFlightradar24（flightradar24.com）、FlightAware（ja.flightaware.com）などがある。

## 新しいデジタル調査報道を！　Nスペ第2弾が始動

学べば学ぶほど、私は、今のテレビ報道に革命をもたらすようなこれらのツールを一人でも多くのディレクターが習得し、さまざまな番組に取り入れられるようになれば、もっと多くのデジタル調査報道が実現できるのではないかと考えるようになっていた。

そこで、「ベリングキャット」やアムネスティ・インターナショナルなどの研修を受けた私たちが教師役となり、他のディレクターたちに対して勉強会を行うなど、人材育成に力を入れ始めていた。善家チーフ・プロデューサーから「ミャンマーのNHKスペシャルの第2弾に参加しないか？」と声をかけられたのは、そんな時だった。

これまでに学んだことを活かせる最大のチャンスがやってきた。そう考えた私は二つ返事で加わることにした。また、私とともに、「ベリングキャット」の研修に参加しノウハウの習熟に励んでいた平瀬梨里子（第4部第2章執筆）ディレクターも参戦することになった。

取材が動き始めたのは2021年5月。初めての顔合わせとなった打ち合わせには、実にさまざまな部署の人間が参加する混成チームができあがっていた。前回から参加しているOSINTチームの5人に加え、海外からもバンコクやパリ、ニューヨークの特派員たちが参戦した。私自身は、全体ディレクターという役割で、番組の全体設計や、それぞれの取材チームとの連絡・調整を担う立場だった。

しかし、クーデターから3ヵ月が経過していたこの時、軍がインターネットを制限するなど情報統制を強化し、市民たちの情報発信が激減。ミャンマーはブラックボックスとなっていた。

情報収集を思うように進められない中、クーデター直後から一人の青年と連絡をとり続けていた齋藤佑香ディレクター（政経・国際番組部）から「久しぶりに青年と話せることになった」と知らせがあった。その青年はある地域で平和的なデモ活動を行っており、第1弾の「緊迫ミャンマー」では軍の弾圧の実態を告発していたが、軍はそうした人物を拘束の対象としていたので、安否が気になっていたところだった。私もインタビューに同席したが、ビデオチャットの画面に彼の姿が映った瞬間、彼の身に大きな変化が起きていたことを感じ取った。軍が自分のことを探し回っていると友人たちから聞き、軍の手が届きにくい山間部に逃れていたのだ。ここまでは想定できたが、青年は「すでに軍の拠点を襲撃し、仲間が軍の兵士を3人殺害した」と語った。数ヵ月前までは、ごく普通に暮らし、クーデター後も平和的な抗議活動を続けていた青年が追い詰められ、戦闘員へと姿を変えていたことを知り、私は言葉を失った。この青年はミャンマーの「混迷」を物語っており、このインタビューは番組の方向性を決めるうえで重要なものとなった。

こうした市民による新たな抵抗の動きに加え、第2弾として私たちが明らかにしようとしたのは「なぜ軍が自国民に対しここまで残虐な行為を行うのか」ということだった。しかし、その問いを軍に直接確認することはできない。ちょうどこの頃、バンコクのアジア総局チームはミャンマー軍から離反した兵士たちの取材に注力していた。クーデターから3ヵ月が経ち、自国民に銃を向けることに疑問をもった軍人たちが離反するようになっていたのだ。現役の軍人ではないが、数週間前まで軍に所属していた兵士たちの証言は、多くの疑問に答えてくれるものだった。第4部第2章で詳述するが、彼らの証言に共通していたのは、軍上層部にはどうしても守りたい利権があるということだった。

軍の利権構造を明らかにするため、私たちは国連の報告書や、リークされた軍の内部文書などをOCCRPの公文書のデータベースなどから入手して調査を進め、それと平行して、「緊迫ミャンマー」も制作したOSINTチームは、中部の都市バゴーで起きた大規模な市民殺害事件の真相に迫ることで、苛烈さを増す軍の弾圧を明らかにするという方向で取材を進めていくことになった。

1ヵ月ほど経ったある日、善家チーフ・プロデューサーから新たにメンバーが増えると告げられた。

その新メンバーは、当時入局2年目で生活情報番組「ガッテン!」を制作していた小林美月ディレクターだ。実は彼女、ミャンマーに人並みならぬ思いがあった。大学院生時代にミャンマーの山岳地帯の農村研究のため、小林ディレクターは2年間にわたり現地でフィールドワークを重ねていた。地元の寺でビルマ語を学び、電気や水道・ガスなどインフラの十分整っていない環境で地元の人々と生活をともにするなど、五感でミャンマーにどっぷり浸かっていたのだ。しかし、クーデター直後、現地の友人たちから凄惨な動画や写真が送られてくるようになり、何もできないもどかしさを感じていたという。そして彼女がフィールドワークの場としていた山岳地帯が空爆され、多くの避難民が発生しているというニュースを目にした。アジアの公共放送局に勤める一人として何かできないかと上司に相談したところ、3週間限定で番組に参加することが許されたのだった。今回のような国際系の調査報道番組に「ガッテン！」からディレクターが参加することは異例のことだった。同じ放送局とはいえ、それぞれの部署での業務があり、志願すればかならず叶うというものではないが彼女の熱意が周りを動かしたのだ。

それから数日経つと、今度は東京以外の部署から参加の申し出があった。岡山放送局の制作デスクをしていた吉田宗功ディレクターだ。岡山は、中国地方・四国地方に住み介護施設などで働くミャンマー人たちのデモ活動の拠点となっており、吉田ディレクターは地域放送に向けた取材を行っていた。NHKスペシャル「混迷ミャンマー　軍弾圧の闇に迫る」の制作が始まっていることを耳にし、チームに入れないかと志願したのだった。制作デスクとはディレクターたちのまとめ役で全員のスケジュール管理から、番組の品質管理なども担うチームの中心的な役割だ。そのため、長期間岡山から離れることは難しく、Teamsやメールを中心としてリモートで参加することになった。地方局の制作デスクがデスク業務をこなしながら、東京で制作中の報道番組にリモートワークで加わることは、これまで考えられないことだった。吉田ディレクターにはリークされたミャンマー軍の膨大な文書などを読み込んでもらい、岡山から日々報告を送ってもらうことになった。

まさに、ミャンマーをなんとかしたい、という思いで集まった混成チーム。こうして総勢30人となる取材班が誕生した。

# 第2章　放送とウェブサイトの連動に挑戦（大海寛嗣）

## デジタルジャーナリズムの世界で存在感を示すには

NHKスペシャルの第2弾の制作と並行して、私たちミャンマープロジェクトには、もう一つのミッションが課せられた。放送とウェブサイトの連動である。

1本目のNHKスペシャルの放送から5日後となる2021年4月9日。ウェブサイトについての最初のオンライン会議が開かれたとき、私（大海）は、事情がよくわからないまま、その場にいた。番組制作にも関わっていなかったし、とにかく出席するようにと指示を受けて、完全に受け身の状態だった。

会議を設定したのは、大型企画開発センターでデジタル展開を統括する中村直文統括プロデューサー。その場には、善家チーフ・プロデューサーや松島チーフ・プロデューサーもいた。他にはグーグルからNHKに転職してきたデジタルの専門知識を持つ井上ディレクターや、敏腕のCGデザイナーもいた。

中村統括プロデューサーの意向で、ミャンマープロジェクトの目玉として、放送と連動した特設サイトを作るということが説明された。「リッチなサイト」を作るというお題目だけが与えられた。サイトを作るという狙いの背景には、NHKが世界のデジタルジャーナリズムの分野で、存在感を示せていないことへの焦りがあった。英語圏のメディアが優勢のこの分野で存在感を示すために、テレビ放送だけでなく、誰もが必要なときに見ることができるウェブサイトを作る必要があったのだ。

このミッションの担当者として私が指名された。NHKスペシャルを制作する部署でデジタル展開を担当しているため、私がその役にふさわしいということになったのだ。

「さて、どうしたものか……」

会議のあと、私は途方に暮れてしまった。

正直、私はNHKにいながらジャーナリズムのことはよくわからない。報道の現場感も知らないし、当時は、ミャンマーのことも不勉強で、詳しくは知らなかった。

数年前までは、科学番組などを作っていたが、報道にはほとんど携わったことがなく、どちらかといえば避けていた。デジタル展開を担当するディレクターに転身してからも、朝ドラやエンタメ番組を担当するなど、明るくて楽しいことがテーマであることが多かったため、いつも「どうやって話題を作ろうか？」ということを第一に考えながら、仕事をしてきたのだ。

そんな私にとって、ミャンマー軍の弾圧の実態に迫るといった今回のテーマは「正直、荷が重いな」と感じていた。ただ同時に、今回の仕事を、何とか意味のある形にしたいという気持ちも抱いていた。というのも私の中に「意味ある仕事をしたい」という欲求が強く渦巻いている時期でもあり、単なる話題作りではなく、価値ある仕事をしたいと強く思っていたのだ。そして、このプロジェクトにその可能性を感じたのだった。

## 特設サイト「What's Happening in Myanmar?」に課された使命

オンライン会議の1週間後、あらためて、ミャンマープロジェクトのコアメンバーがNHKの大会議室に集まって会議が開かれた。集まったのは10人ほどのメンバー。

当時、私は、ほとんど在宅で仕事をしていたが、その日は、久しぶりに出局した。善家チーフ・プロデューサーと松島チーフ・プロデューサーとは、リアルで初めて顔を合わせた。実は、この時、私が最も気にしていたのは、松島チーフ・プロデューサーの人となりだった。というのも、今回、松島チーフ・プロデューサーは、番組の制作に加え、ウェブサイトのコンテンツ制作も兼ねることになっていた。つまり、私が進めることになっているデジタル展開の番組側のカウンターパートとなるのだ。

私は、番組をデジタル展開するときに成否を分ける一つの要素として、番組側でカウンターパートとなる人物との相性があると考えている。たとえば、番組をSNSなどで広く告知する場合などは、放送日の直前に業務が集中することが多い。しかし、番組側では、放送日が近づけば近づくほど編集作業が佳境となり、デジタル展開に時間を割く余裕がなくなることがある。そのため、いかに、番組側にいる人物がデジタル展開の趣旨を理解し、協力をしてくれるかが重要となってくるのだ。

私は、事前に、松島チーフ・プロデューサーと一緒に仕事をしている同僚に、彼について〝取材〟をしていた。曰く「ミャンマープロジェクトでは、OSINTチームを率いる〝捜査一課長〟と呼ばれ、メンバーから慕われている」などという情報を得ていた。実際に会議で見た様子からも、人となりについては安心できた。

その会議では、まずは私が上司と一緒に考えてきたことを共有するところから話を始め、調査報道の意義や、それをデジタルの世界で実現することとの意義などについて話し合った。そこで浮かび上がってきたのは、番組の制作にも関わる大きな課題だった。3月まではミャンマー市民たちはフェイスブックで頻繁に動画を投稿していたが、その数が減ってきているというのだ。投稿すると軍や警察に発見される恐れがあるため、過去の投稿を消すとともに、新たな投稿をしないようになっていた。それは、NHKとしては、検証できる素材が手に入りにくくなってきていることを意味し、調査が進まなくなる懸念があった。一方、ミャンマー市民にとっても、状況を海外に知らせる手段が閉ざされてしまうことを意味する。

そこで、私たちは、もしミャンマー市民が安全に外国メディアに動画を提供する仕組みを作ることができれば、軍の弾圧の実態を告発したいという彼らの気持ちを受け止めることができるのではないか。そして、それを受け止めたNHKの使命として、真実を明らかにする調査報道ができるのではないかと考えた。

実は、OSINTチームの〝一課長〟松島チーフ・プロデューサーと髙田彩子ディレクターはすでに第1弾のNHKスペシャル「緊迫ミャンマー」放送直後にNHKのサイト上に、安全に動画を投稿できる情報窓口を設けていた。しかしその窓口はとても小さく、存在を知って動画を投稿してもらうことに苦慮していた。

動画を投稿してもらうためには、このメディアに託せば、きちんと活かしてくれると認めてもらうことが重要になる。そこで、今回のウェブサイトでは、第1弾の取材の過程で入手していた動画を一挙に掲載することにした。どれも、市民たちが軍の非道を告発しようと命がけで撮影しSNSに投稿したもので、チームが膨大な時間をかけて収集し、OSINTによって、いつ、どこで撮られたのかを確定させた動画である。SNS上だけでは消えていってしまう可能性があるこれらの動画を、時系列や場所ごとに整理し、アーカイブ化することで、「映像の証拠」として保存するということが決まったのだ。これを見てもらうことで、提供した映像がきちんと活用されると信頼してもらおうと思った。

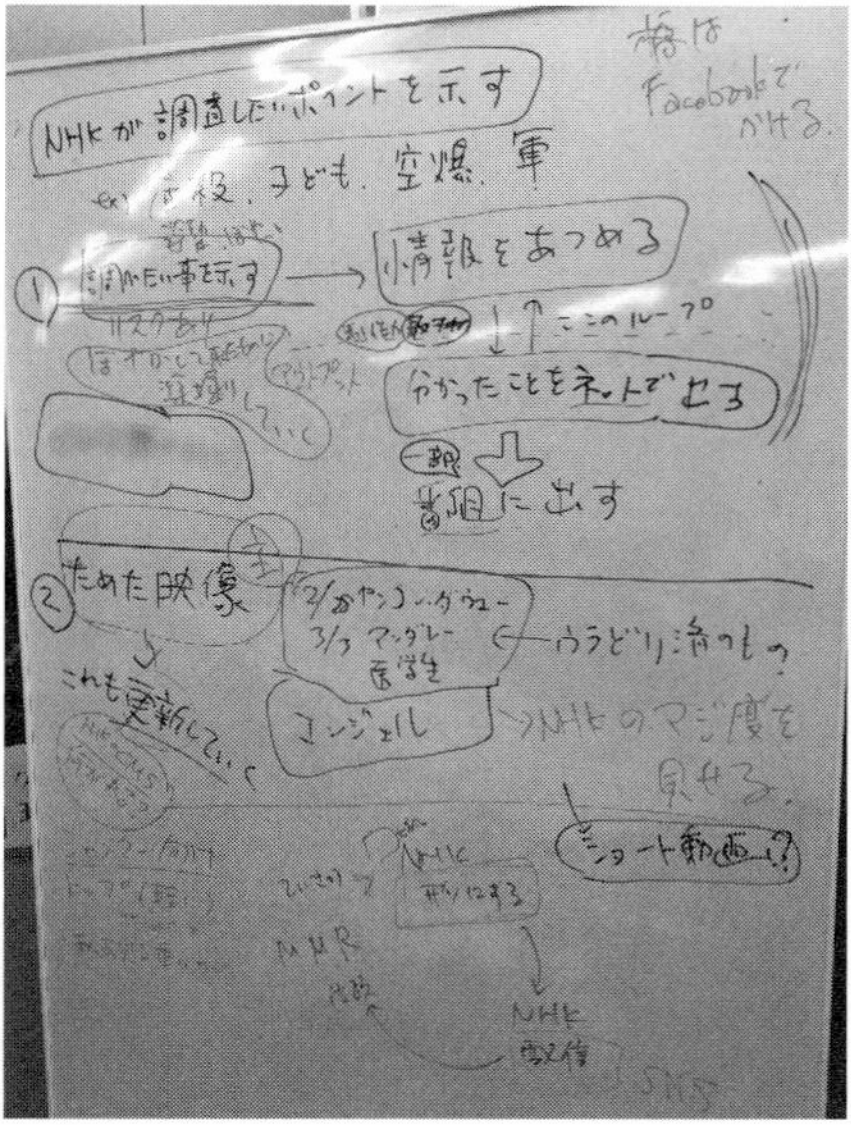

会議の話をまとめたホワイトボード

結局、このサイトは、ミャンマー市民が撮影した動画をアーカイブ化して「映像証拠を残す」ということに加えて、このサイトを経由して映像を入手し、解析することで、「さらなる真実を報道する」という二つの使命を負うことが決まった。

ミャンマーで何が起きているのか、その実態を、動画や記事などから伝えるという意味で、サイト名は「What's Happening in Myanmar?」と名づけられることになった。この言葉は、クーデター発生直後からツイッター上でハッシュタグとして使われ、現地で起きていることを伝える際に必ずつけられる言葉となっていた。現地の人たちが使っている言葉を、私たちも取り入れることにしたのだ。

会議の間、私は、ずっとあることを感じていた。番組の担当者たちはみな、静かに怒っていたのだ。丁寧に話をしているのだが、心の中には怒りの炎が燃えていた。こんなひどい状況はとても許せない。NHKとしてやれることをやるのだ、という意思が全身からみなぎっていたように私には感じられた。

## サイト公開が大幅に遅れた理由

現地の市民による動画をアーカイブ化するプラットフォームを作る——。自分にとっては、未知のチャレンジが始まった。

しかし、作業は難航した。時間も人手も足りないのだ。先の会議をしたのが4月16日だったが、公開は6月中旬を予定していた。どのウェブ制作会社に依頼するのかを決めなくてはならないという状況なので、時間がない。サイトのデザインも仕様も何一つ考えていない段階だ。いつも通り「走りながら考える」という状況に陥ってしまったのだが、もう、とにかく始めるしかなかった。

その後も、小さな課題や大きな課題を解決していくうちに、時間だけがどんどん過ぎていった。

時間がかかった主な要因は、動画を整理する時間が必要だったことだ。

動画は、撮影した人物や場所などの情報を検証・確定させてからでないと公開できない。ウェブに公開するにあたっては、市民などの顔にぼかしをかけるなどの作業もしなくてはならないため、非常に神経をつかう。さらに、それぞれの動画に対して、撮影地や撮影日だけでなく、適切な説明文を書かねばならない。そして、その数は100本以上。松島チーフ・プロデューサーのチームが、動画を制作し、その情報をエクセルシートに記入するという作業をするのだが、そこに膨大な手間がかかるのである。

「What’s Happening in Myanmar?」のトップページ

そして今回はもう一つ大きな課題があった。それが、ウェブサイトの英語化だ。今回はミャンマー市民をはじめ、海外の人々に広く知ってもらうことが、とても重要だった。ミャンマーの問題は残念ながら、日本の力だけでは解決できない。世界の人々が何とか力を合わせることで、少しでも事態の改善につなげたいと考えたのだ。そのためには英語で発信することが、とても重要なのだ。しかし、ここがハードルになった。今回の案件は、非常にセンシティブなので、英語の翻訳にも細心の注意を払わなくてはならない。そのため、その技術に長けた人たちに翻訳を依頼する必要があったが、分量も多く、気にすべき点も多いため、非常に時間がかかった。

ＮＨＫスペシャル第２弾の放送およそ２週間前の２０２１年８月５日、「What's Happening in Myanmar?」と名づけられたサイトは、大幅に予定を越えながらも完成、公開にこぎつけた（この時は日本語版だけで、英語版は遅れて9月17日に公開することになった）。

サイトは、主に動画と記事の２種類からなるが、①都市名で見る（動画）、②時系列でさかのぼる（動画）、③これまでの調査で分かったこと（記事）という３つの分け方で、知りたいことに辿り着けるように分類した。

①と②からは、市民たちの動画１３０本が見られるようにした。

そして、その下の③には、記事を４本載せた（サイト公開時点）。その記事のタイトルは以下の通りだ。

**「エンジェルさん」の死が問いかけるミャンマー軍の非道**

**「演奏できない」〝ビルマの竪琴〟に魅せられた若者の今**

**ミャンマー代表選手「亡命」の真実**

**「息子は撃たれ、動物のように扱われた」息子を亡くした父の叫び**

サイトを公開した直後は主に時事問題を深掘りして配信する「クローズアップ現代＋」

（当時）のフェイスブックアカウントを使って動画や記事を投稿、サイトのリンクを張った。ミャンマーの人たちの間でのフェイスブックの普及率は高い。同僚の高田彩子ディレクターが市民動画から30秒のクリップを作り投稿したところ、多くの人に拡散され、共感してもらえた。特に在日ミャンマー人からの反応がよかったのが本当にありがたかった。フェイスブックのコメント欄で「これは本当なのか？」という疑念を示した投稿があった際には、あるミャンマー人が「これが本当に私たちの国で起きていることです」と返信してくれた。ミャンマー人に、この取り組みを認めてもらえたのは、私たちにとって本当に嬉しいことだった。

## 最新のデジタル展開も告知は手作業で⁉

サイト公開から3日後の8月8日の日曜日。

私は高田彩子ディレクターに誘われて、品川で行われるミャンマー人たちによるデモに行くことにした。8月8日は特別な日だという。1988年8月8日、当時、実権を握っていた軍に対して全土で抗議運動が広がったことから、ミャンマーの民主化運動の原点の日とされているのだ。クーデターから半年、その思いを受け継いで軍に抗議するためにデモが計画されたという。私は前日夜中までかけて、サイトの内容をまとめたチラシを作っ

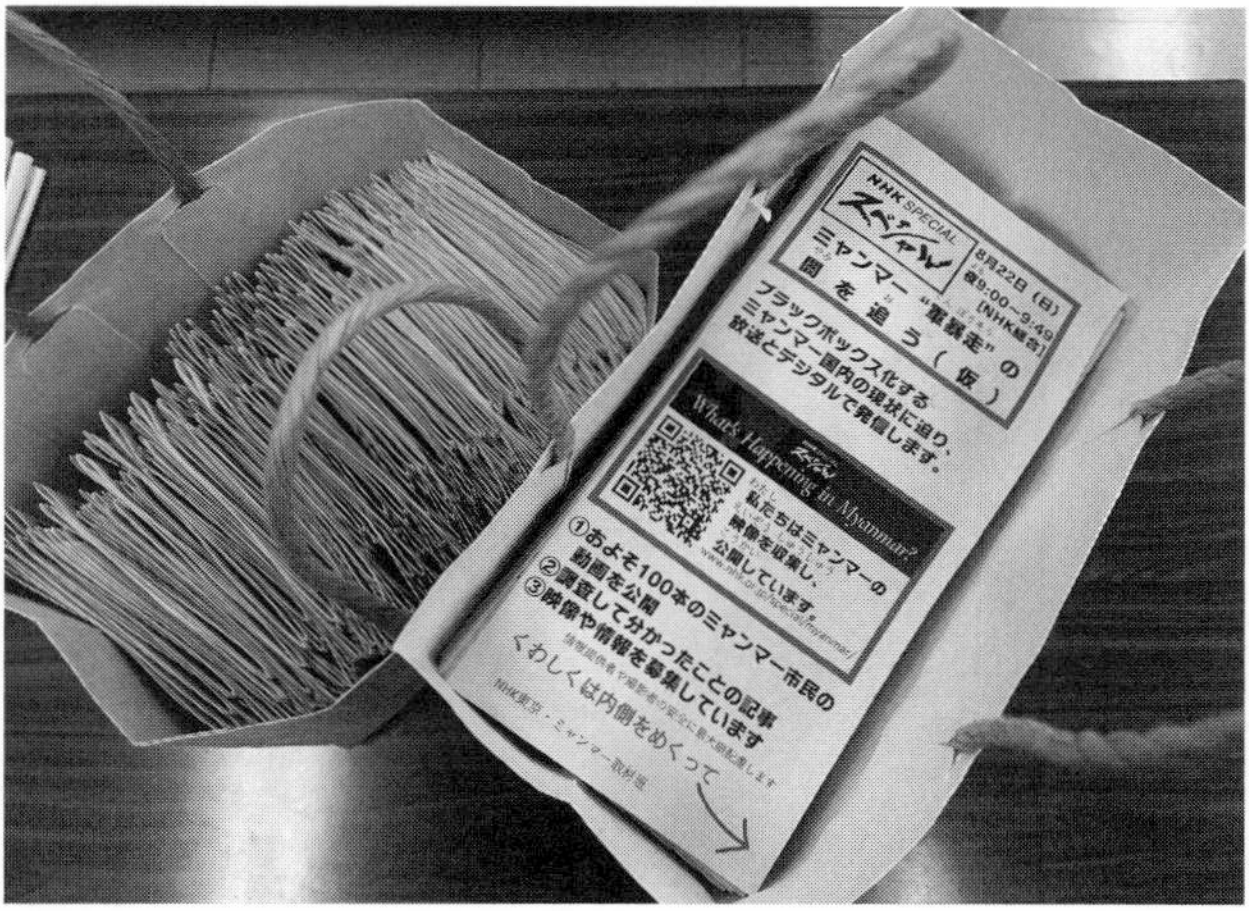


自作したチラシ

た。集まる人たちに配ってサイトの存在を知ってもらおうと考えたのだ。三つ折りにしたときにきれいになるようなデザインをパワーポイントで考えた。チームメンバーにアドバイスをもらいながら、主な漢字にはふりがなをつけたチラシを制作した。

　当日の午前10時くらいに髙田と局の居室で待ち合わせ、せっせと印刷と三つ折り作業をした。作った数は600部。多すぎるかなとも思ったが、とりあえず多めに作っておくことにした。

　午後2時からデモが始まるため、私たちは1時くらいに出発地点である品川駅近くの公園に到着した。髙田はデモの取材に慣れているため、いろんなミャンマー人の知り合いに挨拶をしながらチラシを渡し、サ

写真左　チラシを配る同僚・髙田彩子ディレクター
写真右　配ったチラシを見てくれるミャンマー人たち

イトの説明をしていった。私はこうしたデモの現場に来たことはほとんどないので、髙田の後ろをついて回り、その様子を見ていた。2時になると演説が始まり、デモ隊は移動。ゴール地点で再び演説をすると、そこで終了となった。帰り支度を始めた人たちに話しかけるために、私たちは二手に分かれることにした。いろんな人に声をかけては、チラシを渡して説明をして回った。私は、さまざまな人たちと直接話をする中で、心の中に変化が起きるのを感じていた。ミャンマーで起きていることの、ある種のリアリティのようなものが浮かび上がり、そして同時に使命感のようなものが湧き上がってきたのだった。

嬉しい出来事もあった。20歳くらいの若いミャンマー人男性が近づいてきて、手伝ってくれるという。そして30部くらいを受け取ると、一気に走りながら、参加者たちに声をかけて、渡していってくれたのだ。

こうして手元のチラシがだいぶ減ってきたところで、髙田の知人の日本人男性と合流した。その人は長らくミャンマーに住んでいてミャンマー語が話せる人だった。彼と一緒に3人で高田馬場駅の近くにある雑居ビルに行くことになった。その9階建ての建物にはミャンマー人が経営する雑貨屋さんやレストランなど10軒ほどが入っていた。ミャンマー人向けに現地から直輸入した食材や雑貨などを扱っていた。一部、日本人向けのお店もあったが、半分くらいはミャンマー人によるミャンマー人向けの雑貨店が入った建物だった。

私たちはいちばん上の9階までエレベーターで昇り、そこから順番にらせん階段を下りながら、一軒一軒たずねていった。髙田はミャンマー産のカゴ編みのサンダルを買いたいらしく、いろんな雑貨屋さんでサンダルを見ては、こういうのはないかと尋ねていた。そしてチラシもしっかり渡して、サイトの意図を説明し、目の前でスマホでQRコードを読み取ってもらって、サイトを目の前で見せていた。そしてチラシを束でお店に置いてくるのだ。このあたりの押しの強さは私にはないので、さすがだなと近くで見ていた。後から聞くと、好きなものを伝えれば距離感も縮まるから、ということだった。目当てのサンダルは見つからず、髙田はミャンマーのおかずを買っていた。結局、この日用意した600部のチラシは、この雑居ビルですべて配り尽くした。

デジタル調査報道とはいっても、デジタルだけで完結するわけではない。サイトを知ってもらい信頼を得るというのは、こういう地道なことが大事なのだろうと改めて思った体験だった。

このサイトは、このあと、自分たちの予想を超えて、その効果を発揮し始めていく。後述するが、このサイトに投稿された動画の一部が、第2弾の番組制作にも活かされたのだ。


その一方で、ウェブサイト自体の運営も気を抜くことはできない。このウェブサイトは、〝リアルタイムで生きているサイト〟にしなければならないと考えていたため、新たな動画が入手できしだい、随時、更新していくのが理想だった。しかし、新たな動画を掲載するには検証作業が発生するため、撮影時点から半年以上かかる場合もある。今は、どのくらいの頻度で更新していけるのか、模索が続いている。いずれにしても、「なかったことにしない」を合い言葉に、みなで運営を続けている。

さらに、このサイトの「価値」をどれだけ広く届けられるのかという点も今後の課題だ。ここはとても大事なポイントだと考えている。

日本の視聴者はもちろん、ミャンマー人（現地のミャンマー市民、日本や海外に住むミャンマー人）、さらには、海外に住み、国際問題や人権問題に関心が高い人たちにもより広く届けたいと考えている。

その後、2022年2月11日には、サイトの改修も行った。ミャンマーについてさほど詳しくない人にも見てもらえるように、初心者向けの記事や「解説委員室」へのリンクを張ったり、サイトの見せ方の順番を入れ替えたりした。初めて訪れたときに、サイトの意義を簡単に理解してもらえるように、スクロールしていくとテキストと動画を切り替えられる演出を取り入れた。2022年5月13日現在、市民動画135本と調査報告記事8本を掲載している。ミャンマーに関するニュースも読むことができる。あなたの目でミャンマーのリアルを見てほしい。

What's Happening in Myanmar? ミャンマーで何が起きているのか
https://www.nhk.or.jp/special/myanmar

# 第４部　ＯＳＩＮＴで「軍の闇」を暴け！

# 第1章　未解明の〝バゴー事件〟徹底検証（松島剛太）

## 「バゴーを助けて！」SNS上の悲痛な叫び

2021年4月4日にNHKスペシャル「緊迫ミャンマー」の放送を終えたあとも、私（松島）は、引き続きミャンマーの情勢に目を光らせ続けていた。チーフ・プロデューサーの善家を筆頭に、チームのメンバーと「まだまだ調査報道を続けなければ」と声をかけあっていたからだ。

放送からわずか5日後。SNSにミャンマーからの悲痛な叫びが次々とアップされていく。

「Save Bago!（バゴーを助けて！）」

どれも短い投稿ばかりで、何が起きているのかはわからなかった。ただ、何事か切迫した事態が発生したことは間違いなかった。

その後、現地メディアや海外の報道機関が相次いでバゴーの状況を伝え始めた。軍の影響下にある国営テレビでの報じ方は次のようなものだった。

「治安部隊の二人が負傷。暴徒集団側は男性一人が死亡、男性二人が負傷した」

一方、民主派側のメディアや海外の報道機関の伝え方はまるで異なっていた。

「4月9日　バゴーで死者多数」

「死者80人以上か？」

いずれも4月9日の未明に中部の都市バゴーで多数の市民が殺害されたと報じるばかりで、詳しい状況は見えてこない。しかし、一度の弾圧で80人以上が殺害されたとすれば、2月1日のクーデター以降、最悪の事態となる。

4月下旬。善家から第2弾のＮＨＫスペシャルの企画書を書くよう求められた私は、番組の柱の一つに4月9日のバゴーの弾圧の解明を掲げることにした。依然として詳しい情報は入っていなかったが、「緊迫ミャンマー」で浮き彫りにしてきた弾圧の様相とは一線を画し、軍が容赦ない市民攻撃に乗り出しているのではないかとの予感があったからだ。

善家や中村、国際部デスクの鴨志田郷などの指摘を受けながら、企画書は「軍暴走の裏に何があるのかを暴き出すこと」をテーマにブラッシュアップされ、8月下旬に第2弾を放送することが決まった。

5月に入り、新たに参加することになったディレクターも含めて新体制が発足。メンバー全員が参加したキックオフミーティングの場で、私はOSINTチームを投入する対象としてバゴーの弾圧に取り組みたいと意見を述べた。前回の番組での経験から、常に事態が動く状況に気を取られて調査項目を拡散させてしまうことは避けたかったからだ。調査対象が多岐にわたると、メンバーの総合力が発揮されず、結果として成果が少なくなる傾向にある。軍事戦略において「二正面作戦」や「戦力の逐次投入」は避けるべきとする教訓があるが、それは膨大な労力を必要とするOSINTにも当てはまっていた。

ミーティングでは、メンバーからもバゴーに持てる調査能力を注ぐことに賛成の声が上がった。

「もしかしたら、歴史上の有名な虐殺事件と同じような闇を抱えた事件かもしれない」

国際部の鴨志田からは、単なる弾圧の一つとして捉えるのではなく、俯瞰した視点で見てみると検証を深められるのではないかと意見が出た。確かにそのとおりだ。実態が明らかになっていない中で軽々に使うことを避けていたが、「虐殺」という言葉に相当する可能性があった。ベトナム戦争でのアメリカ軍によるソンミ村の虐殺、ボスニア・ヘルツェゴビナ紛争でのスレブレニツァの虐殺など、長引く紛争状態の中で一線を踏み越えてしまう事例は枚挙にいとまがない。

## SNS上に動画がない！

バゴーの弾圧を軸にOSINTを行うことが固まり、早速、〝捜査会議〟を開いた。メンバーは前回と同じく、ディレクターの樋爪かおり、髙田里佳子、髙田彩子、デジタル技術のアドバイザーである井上直樹。そして、編集を担当する加藤洋一。「エンジェルの死」の真相究明に取り組み、いくつもの困難を突破して成果を挙げたメンバーの再結集は何よりも心強かった。

しかし、いきなり問題に直面する。

「肝心の動画が見つかりません」

3人のディレクターから異口同音に報告が入った。SNS上でヒットするバゴーに関する動画や写真がごくわずかしかないという。3月までは、ミャンマーで発生した各地の弾圧に関する投稿がSNSにあふれていた。動画と写真のデータベースとして作成したスプレッドシートへの登録は、3人がかりでも間に合わなかったほどだ。それが一転、ほとんど動画が見つからないとは……。ミャンマーでいったい何が起きているのか？

## 軍による厳しい情報統制

予兆はあった。

私たちは「エンジェルさんの死」の真相解明に取り組みながら、SNS上の動画や写真の収集を続けていたが、3月中旬以降、SNS上に現れる「投稿の波」がしだいに小さくなっていたのだ。

動画の中にも目を引くものが散見された。

3月17日のヤンゴンの動画。

「窓から顔を出した人全員に発砲しています。動画を撮影しているからといって」

撮影者は身を潜めながら、アパートの高層階に銃を向ける警察の部隊を記録していた。

1分50秒の動画の中で、確認できただけでも9発撃たれている。

3月25日のシャン州の州都タウンジーの動画。

同じく銃を手にした警察の部隊が住宅街を威嚇している。撮影者は建物の2階あたりからその様子を撮影していた。すると、指揮官らしき男が撮影していることに気がつき、撮影者を指さす。次の瞬間、発砲音が響く。窓が割れると同時にカメラが大きく傾いて、動画は終わっていた。

樋爪からは、軍が片っ端から市民のスマホを調べ、弾圧を記録した動画や投稿を見つけると拘束しているようだと報告が上がってきた。

国営テレビでは、連日のように軍が拘束した人々を顔写真付きで公開している。拷問を受けたのか顔面がひどく腫れ上がっていた。拷問前と後の比較写真をわざわざ示すほどの念の入れようだ。軍に見せしめと警告の意図があることは明白だった。

井上からは、携帯電話や人工衛星からのデータを収集・分析を行っているオービタルインサイト社の協力を仰ぎ、ミャンマー市民のデータ通信の現状を探ってみてはどうかと提案があった。同社とともに最大都市ヤンゴンのクーデター前と後の携帯電話のデータ通信量を調べてみると、3月中旬以降、データ通信の総量が著しく低下していることが裏づけられた。

2月から3月にかけて、軍の弾圧に対する市民の武器はスマホによるリアルタイムでの撮影と発信だった。市民一人ひとりが歴史を記録するカメラマンであり、さらには発信手段を持つジャーナリストにもなりうる。デジタル時代だからこその抵抗の形、「デジタル・レジスタンス」を体現できていたのだ。それがひいては、私たちOSINTチームの強みでもあった。日本にいながらにして現地の状況を、動画という一次情報で知ることができる。そうして収集した動画の分析を集積することで、埋もれていた事実を明らかにしてきたのだ。

市民がスマホによる発信を封じられたということは、すなわち私たちの武器も封じられたことを意味していた。どうやって闘っていくか？　新たな戦略が求められていた。

## 組織を超えたネットワークの力

前回「緊迫ミャンマー」で初めてＯＳＩＮＴに取り組んでみて感じたことの一つは、「各メディアが映像や情報を囲い込む時代は終わった」ということだ。それぞれのメディアが、自分たち独力でスクープ映像をものにしていた時代は、決して虎の子の独自映像を外に出すことはなかった。だが、ミャンマーのように自前の取材陣が自由に取材活動できない現場では、「決定的瞬間」の多くは居合わせた一般市民の手による撮影になる。それをメディアが抱え込む意義は薄い。また、自分たちで取材できない分、より多くの映像、より多くの証言にあたらなければ、何が正しい情報なのかの検証もできない。

出発点が、メディア独自の「ユニ映像」から、市民がＳＮＳに投稿する「オープンソース」へと移った時点で、囲い込むことよりも、ギブアンドテイクで映像や情報を共有するほうがメリットが大きくなったのだ。また、今回のミャンマー軍によるクーデターというテーマに関しては、組織を超えて連携できる素地がある。それは、メディアにはあらゆる情報に誰もがアクセスできるようにすることで「民主主義の番人」たろうとする共通の存在理由があるからだ。

私たちはミャンマーの主要なメディア、バゴーのローカルメディアとコンタクトをとり、情報交換の道を探ることにした。その際、大きな役割を担ってくれたのが、タイのバンコクにあるＮＨＫのアジア総局の特派員、内田敢だ。ミャンマーのメディアにコンタクトする際、同じ東南アジアに身を置く立場として話ができる内田には、東京にいる私たちよりも一日の長がある。内田は、ミャンマー国外に脱出したミャンマーのメディア関係者にインタビューを実行。一部メディアから映像提供を受けるなど力を発揮してくれた。

さらに、ＯＳＩＮＴ調査についても心強い援軍を得た。樋爪がＯＳＩＮＴの先駆者たちを取材した番組「デジタルハンター」の取材で知り合った、ベンジャミン・ストリック氏を中心とする国際的な調査グループ「ミャンマー・ウィットネス」の協力を得られることになったのだ。まだＯＳＩＮＴという手法を取り入れたばかりの私たちは、よちよち歩きのひよこに過ぎない。にもかかわらず、快く共同調査のスキームに彼らが加わってくれたのは、前回初めてＯＳＩＮＴを経験した私がそう感じたように「ＯＳＩＮＴの知見は共有すべき」という認識があるからだろう。オールドメディアの典型的存在であるＮＨＫで働く私も、ＯＳＩＮＴに携わったことで視野が広がり、仕事の進め方そのものも変化しつつあることを実感していた。

## NHKに情報を託してくれた人たち

もう一つ、OSINTによるデジタル調査報道を続けるために、手を打っていたことがあった。NHKのウェブサイト「NEWS WEB」に、エンジェルさんの死をめぐる検証について髙田彩子が書いた記事を掲載。記事の最後にセキュリティが確保された情報提供フォームを設け、情報と動画や写真を募っていたのだ。これが特設サイト「What's Happening in Myanmar?」へとのちに発展を遂げることになる（第3部第2章参照）。

当時、情報提供フォームには100件ほどの投稿が寄せられた。その中に、バゴーの弾圧を記録した貴重な動画があった。連続した発砲音が響く中、バゴーの市民たちが叫び声を上げながら走って逃げている。撮影者もカメラを回しながら一緒に逃げているため、動画は激しくぶれていた。わずか24秒の動画だが、切迫した状況であることが伝わってくる。動画の提供者は、バゴー出身の友人から送られてきた動画をNHKに託してくれたのだった。

「このままではミャンマーで起きたことが、知られないままになってしまう。誰にも知られないまま人々が死んでいく」

その強い危機感から、自分にできることはないかと私たちに連絡してくれたのだ。

集まった情報や動画を精査し、提供者への取材を行っていた髙田彩子からも吉報が舞い込んだ。

「一課長、報告です。バゴーでまさに軍の弾圧を受けたという若者二人とつながりました！」

二人の若者は、デモの現場で出会い、ともに活動していたという。4月9日の弾圧を受けた後、バゴーの町を脱出し、周囲の村に身を潜めていたのだ。さっそくビルマ語が話せるリサーチャーとともにビデオ通話でインタビューを試みることにした。

二人が話してくれた内容は、衝撃の連続だった。

「抗議デモが軍に妨害されるのを防ぐため、住宅街にバリケードを作り、軍が入れないようにしていました。私たちは軍の侵入を防ぐために、バリケードの近くで寝泊まりしていたのです。4月9日の夜明け前、まだみんな寝静まっているうちに軍の攻撃が始まりました」

二人がいたのは住宅街を貫く主要な道路にあるバリケードで、軍と対峙する最前線にあたる位置にあった。二人の話では、その日のデモはまだ始まっていないどころか、市民たちが寝ているときに攻撃が始まったという。これまで軍は各地でデモ隊に対して発砲し、多くの市民を殺害していたが、デモすらしていない段階で大規模な攻撃をかけるというのは聞いたことがなかった。しかも、その攻撃の内容がこれまでとは桁違いだった。

「重火器のようなもので最初に2度撃ってきました。地面が揺れ、水をしみ込ませて重くしてあった土のうが吹っ飛びました。そのあと、銃声がたえまなく聞こえるようになりました。軍は私たちを挟み撃ちにする形で攻撃してきたのです」

3月中の弾圧について私たちが分析した際、使用された武器で確認できたのは、自動小銃やショットガン、短機関銃だった。しかし彼らは「重火器のようなもの」を撃ってきたという。その武器とはいったい何なのだろうか？　彼らの証言を裏づけるためにもＯＳＩ

NTによる調査が不可欠だった。

そして、軍の最初の攻撃を逃げのびた彼らは、さらなる恐怖にさらされていた。

「軍が私たちを探すドローンの音が近づいてきました。逃げ道は前も後ろも塞がれていたのです」

軍は狭い路地を通って逃げようとする彼らを、上空からドローンで監視しながら追ってきたのだという。一人も逃さないという軍の強い意志を感じる証言だった。彼らは、寺院に身を隠してなんとか軍を振り切ることができたが、多くの市民は追い詰められ、銃撃を受けたのだ。

二人の証言には真実味があった。しかし私たちはその話の裏づけを得なければならない。OSINTチームとアジア総局のスタッフ、3人のリサーチャー総出で、さらなる目撃者捜しが始まった。

## 夫を亡くした女性の心の叫び

日本で暮らしながら、ミャンマーの弾圧の調査を続けているウィン・チョウさん、マテイダさん夫妻も、独自に目撃者の証言を集めていた。二人にはバゴーの町に知り合いがいる。

それが突破口となって、少しずつ調査に協力してくれる人が現れ始めた。だが、バゴーの町は4月9日以降も軍が目を光らせており、抗議活動の参加者を拘束するために、民家にまで立ち入って捜索を続けている。軍への密告者も町に紛れ込んでいると言われていた。ウィン・チョウさんは相手の安全を最優先にしながら、慎重に聞き取りを進めていった。

その中で、ウィン・チョウさんたちは4月9日の弾圧で夫が軍に射殺されたという女性に行き着いた。夫はクーデター後、抗議活動に身を投じ、弾圧の日も家族を置いて一人で参加していて弾圧に遭遇したという。女性は夫の仲間から死に至るまでの状況を詳しく教えてもらっていた。しかし、女性が重い口を開いてくれたのは弾圧から3ヵ月後のことだ。バゴーは軍の監視下にあるため、ごく親しい人にしか夫が殺されたことを打ち明けられずにいたのだという。

女性「夫は川に出て逃げようとしましたが、川にも大勢の兵士が待ち構えていたのです」

ウィン・チョウさん「逃げても、そこで待っていたのですね」

女性「私の夫もそこで撃たれました。土手に上がろうとしたけれど、逃げきれなかったのです」

女性には、まだ言葉を話し始めたばかりの幼子がいた。その子は、冷たくなった父親の遺体にすがりつき、抱っこをせがんだという。

女性「切ない。耐えきれない。軍が憎いです」

ウィン・チョウさん「あなたの気持ちは伝わりました。私たちがあなたに代わって、世界に伝えていきます」

この一連のウィン・チョウさん夫妻の聞き取り調査を密着ロケしてきたのは樋爪だった。

樋爪は2015年に夫妻に出会って以来、長きにわたって関係を築いてきた。センシティブな聞き取りの現場をそのまま私たちに公開し、撮影も許してくれているのは深い信頼関係があればこそだ。こうして、ウィン・チョウさん夫妻の調査結果も私たちと共有され、バゴーの町で何が起きたのかの解明が進んでいった。

## 目撃者16人の証言とOSINTの融合

ＯＳＩＮＴチームによる調査が進められている間、私は編集マンの加藤とともに編集室に籠もり、動画と証言の分析を続けていた。編集室には例によって窓はない。その分、広く取れる壁が私たちにとって情報整理のホワイトボード代わりとなった。

まずは、収集した動画や写真がバゴーのどの場所で撮影されたのか特定しなくてはならない。私たちは4月9日の弾圧に至る過程を解明するため、2月1日のクーデター以降のバゴーに関するすべての動画や写真を収集の対象にしていた。独自に集めたものに加え、ウィン・チョウさん夫妻やミャンマー・ウィットネスが入手したものを合わせると、その数は写真２００枚、動画１００本に及んだ。

私はグーグルマップからバゴーの町をＡ３用紙で6枚ほどに分けて印刷し、壁に貼り出した。地図上に、場所が特定できた動画や写真をプロットしていくのだ。すると加藤が言った。

「松島さん、それじゃ小さすぎますよ。路地の一本一本もちゃんと識別できるように、壁一面にバゴーの地図を作りましょう」

加藤は自ら巨大な地図作りに乗り出した。バゴーの地図を100枚以上に分けて印刷し、切り貼りしながら、床から天井に達する大きさのバゴーの地図が完成した。

動画や写真の場所を特定するジオロケーションの作業を一手に担っていた髙田里佳子が加わり、一つひとつ、地図に動画の場所を書き込んでいく。すると、これまで点と点に過ぎなかった動画や写真が、線となってつながりを見せ始めた。

私は目撃者の証言を読み込む作業を続けていた。総力を挙げて取材した目撃者の証言は全部で16人分。インタビューした内容を書き起こしたファイルは、A4用紙で872ページ、43万字分にも及んだ。私はその中から目撃者の重要な証言をピックアップし、髙田と地図に書き入れていく。動画と証言が組み合わさることで、線と線はさらに面へと広がり、4月9日のバゴーで何が起きていたのかが、しだいに浮かび上がってきた。

## 使われた兵器は何か?

全体像が見え始めた中でも、依然として大きな謎が残されていた。最初の攻撃で使われた「土のうを吹き飛ばした」という破壊力の大きな兵器はいったい何だったのか？　民間人に対する過剰な弾圧を立証するうえで、兵器の特定は極めて重要だった。

私たちが入手した写真の中には、バゴー市民への弾圧で使われたものだとする弾頭やその破片が写っているものが複数あった。ただし、実際にバゴーで使われた弾頭ではなく、イメージとして似たようなものをネット上から探してきて説明に使われている場合もあるので注意が必要だ。事実、兵士が携帯式のグレネードランチャーを手にしている写真が出回っていたが、調べてみるとアフリカで撮影されたものだと判明したことがあった。

写真をＯＳＩＮＴで分析する際に難しいのは、写り込む範囲に限りがあるため得られる情報が動画に比べると少ないことだ。特に弾頭など物の写真の場合はその傾向が顕著になる。撮影者はアップで撮影することが多いため、画面のほとんどが物で占められてしまい、どこで撮影されたのかを知る手がかりがないことが多いのだ。フェイクが紛れ込んでいる可能性が高いからこそ、どこで撮影されたのかを突き止めることは、その写真の真実性を確認するうえで重要になる。

4月9日の弾圧で使われたという弾頭の破片。背後に建物が写っている

そこで私たちが着目したのは、弾頭の破片の背後に、多少なりとも場所の手がかりが写り込んでいる写真だった。

写真には背後に緑色の壁の建物が写り込んでいる。一部にはビルマ語の文字も見える。私たちは、ほんの少しの手がかりを頼りに場所を特定するジオロケーションを試みたが、確証を得られるまでには至らなかった。

そこへ、ミャンマー・ウィットネスのストリック氏から、「場所の特定に成功した」という知らせが飛び込んできた。彼らのチームにいるジオロケーションの専門家による成果だという。どのように突き止めたのかを聞いてみると、背景に写る緑の壁の板に、1枚だけ白い板が混じっているという特徴に着目。バゴーで撮影された写真をすべて洗い出し、同じ特徴を持つ壁を探すことで場所の特定につなげたという。OSIN

Tの先駆者たちによる、緻密で労をいとわない作業の勝利だった。この写真の弾頭の破片は、リバースイメージサーチの結果からも4月9日のバゴーで使われたものとみて間違いないことがわかった。

写真に写る弾頭の破片は何なのか、特定に力を発揮したのもミャンマー・ウィットネスの武器調査の専門家、レオーネ・ハダヴィ氏だった。首都ネピドーにある軍事博物館の展示をはじめとするオープンソースと照らし合わせ、「40ミリ ライフルグレネード」の弾頭である可能性が高いと突き止めたのだ。「40ミリ ライフルグレネード」は、口径40ミリの弾頭で自動小銃の先に取り付けて発射される。100メートル以上先に投下し、爆発により広い範囲を制圧することができる戦闘用の兵器だ。軍事作戦に使用される兵器で市民を攻撃していた可能性が高まった。

私たちは、殺傷能力の高い戦闘用の兵器が確かに4月9日に使用されたという確たる証拠を求めて、さらに調査を続けることにした。

放送日の8月22日が迫り、調査のタイムリミットまであと数日となった8月3日の夜。編集室で詰めの作業を行っていた私に、樋爪から電話がかかってきた。電話に出ると開口一番こう言った。

土のうの中から見つかった弾頭の一部

「一課長、報告です！」

久しぶりに聞く一課長という言葉。ある予感が私の体を貫く。この言葉で始まる報告はたいていよいニュースだったのだ。樋爪の弾んだ声が、それを裏づけていた。

樋爪がリサーチャーとともに辿り着いたのは、私たちが「バリケード7」と呼称していた場所の土のうの中から、弾頭の一部を見つけたという住民だった。「バリケード7」は動画で軍の攻撃を受ける様子が確認できている。複数の目撃者の証言から、爆発力の高い弾頭が撃ち込まれた可能性が極めて高かった。

弾頭には「HE」の文字が見える。HEはHigh Explosiveを表し、高性能の炸薬《さくやく》弾を意味する記号だった。ハダヴィ氏とさらにもう一人、別の軍事専門家に確認したところ、歩兵がランチャーから発射するタイプの「40ミリ　グレネード」の弾頭の一部とみて間違いないとの一致した回答を得た。私たちはついに、目撃者の証言を裏づける決定的な証拠を手に入れたのだった。

## 軍事作戦さながらの包囲殲滅《せんめつ》戦

ミャンマー・ウィットネスと共同で行ったOSINTによる調査。そして総力を挙げて取材した目撃者16人の証言。それらの分析から浮かび上がった4月9日の軍の弾圧は、まさに軍事作戦さながらの包囲殲滅戦とも言える苛烈なものだった。

4月9日、夜明け前。

まだ寝静まっている町に、突如轟音《ごうおん》が鳴り響いた。40ミリのグレネード弾をバリケードに撃ち込んだのだ。軍はバゴーの町を取り囲むように4ヵ所に部隊を配置。逃げ道を塞いだうえで、一斉に攻撃を開始した。

この時、バリケードの近くに泊まり込んでいた市民の多くは仮眠を取っており、寝込みを襲われる形になった。バリケードを守る市民に対し、軍は正面と横の2方向から銃撃を加えていく。グレネード弾による爆発と、その後に続く激しい銃撃によってバリケードは次々と制圧されていった。

予想もしていなかった激しい軍の攻撃を受け、バゴーの市民は逃げ場を失っていく。

ある動画には、バリケードに迫り来る軍を見て逃げ惑う市民の姿が映し出されていた。

軍は町を取り囲むように部隊を配置。一斉に攻撃をしていた

「近づいてきた！　ダメだ、下がらなきゃ。かなり近づいてきた。下がるぞ！　伏せながら下がるぞ！」

バリケードを守っていた市民の証言からは、軍から容赦ない攻撃が加えられたことが窺えた。

目撃者A「味方の多くが命を落とし、いくつかのグループでは全員が死亡しました」
目撃者B「軍は銃弾を受けた市民を捕まえると、ひざまずかせて銃で殴りました。あたりは血の海になりました」

軍はドローンで上空から市民を捜索。袋小路

画面中央は住宅街を貫く主要な道路の一つ。いくつもバリケードが築かれ、それぞれ市民のグループが守っていた。軍は正面からと側面からの2方向から攻撃してきたという

に追い詰めては、銃撃を加えた。夜明け前に始まった攻撃は実に9時間に及んだという。

ミャンマーの人権団体AAPP（政治犯支援協会）は、この日バゴーで82人の市民が殺害されたと発表している。軍は一部の遺体を持ち去ったとされ、今も正確な死者の数はわかっていない。

## 真相の究明はこれからも続く

2021年8月22日に放送したNHKスペシャル「混迷ミャンマー　軍弾圧の闇に迫る」において、私たちはバゴーの弾圧の調査結果を伝えた。その後、アメリカのワシントンポストもOSINTを駆使した調査をもとに、バゴーについての記事を発表した。私たちに限らず世界中の報道機関が、限られた情報しかない中で知

恵を絞り、真相究明に努めている。

ウィン・チョウさん、マティダさん夫妻は、その後も夫を亡くした女性の家族とビデオ通話を介した交流を続けている。日本から生活資金を援助したり、子どもたちの話し相手になったり、物心両面の支援を行っているのだ。

子どもにとって、父親を亡くした影響や軍の弾圧下で暮らすストレスは大きく、一時は父親が殺される場面の絵ばかり描いていた。

それから5ヵ月。

ビデオ通話でつながったウィン・チョウさん、マティダさんに、子どもがカメラの向こうから元気な声で話しかけてきた。

「おばちゃんの絵だよ！」

「ああ私だ！」

マティダさんも明るい声を上げた。ウィン・チョウさんは優しくほほ笑み、その様子を嬉しそうに見つめていた。

ウィン・チョウさん夫妻は、バゴーの弾圧を決して忘れはしない。女性の家族の支援を続けるとともに、これからも調査を継続していく決意だ。ミャンマー・ウィットネスも、その名の通りミャンマーで何が起きているのかを調査し、真実を記録していく。そして私たちも、この1年でつながることができた人たちとのネットワークを活かして、さらにOSINTの能力を磨いていく。やるべき調査はまだまだ山積しているのだ。

# 第2章　軍の暴走の背景に何があったのか？（平瀬梨里子）

## 現場至上主義からOSINTへ

今回の番組の制作にあたる前、私（平瀬）は報道局社会番組部のディレクターとして、新型コロナの重症者病棟の取材を1年ほど続けていた。自らデジタルカメラを手に日々搬送されてくる患者や、医療従事者たちが懸命に治療にあたる様子を撮影し、記録していく。これまでもずっと自ら現場に足を運び、取材や撮影を行うことで番組を作ってきた。西日本豪雨で甚大な被害を受けた愛媛県にある町に車で往復3時間をかけ1年間通い続け、被災者や遺族たちの再起までの様子を撮影するなど、文字通り「足で稼ぐ取材」を行ってきた。NHKには番組制作のためのマニュアルなどはない。入局して何もわからない中、手探りでニュースの特集や番組の制作を行い、上司や先輩に指摘を受けることで番組制作の手法を学んでいく。その際に共通して教えられたのは、現場に通い取材先と関係性を構築することで情報を取ってくるということだった。

しかし、こうした従来の取材手法だけでは、情報を入手することが難しい場合もあり、模索しているときに出会ったのが、ＯＳＩＮＴだった。

新型コロナについての番組の編集中、先輩が編集室に来て「『ベリングキャット』の研修、応募する？」と聞いてきた。私はその当時「ベリングキャット」の存在すら知らなかった。どういう研修なのか聞くと、「オープンソースの情報を使って調査報道をする手法を学べるらしい」とのこと。編集室にいた他のメンバーたちも興味津々だったが英語ができることが応募の条件となっており、みな諦めていた。そこで「私が応募して、受けることができたらその手法をシェアします」と手を挙げた。そして運よく研修を受けることができることになった私は4時間の講座を4日間受講した。編集の真っ只中で「ちょっと抜けます」と言うと、他のメンバーから「余裕だな」とからかわれるようなこともあった。しかしＯＳＩＮＴによって次々と真実を明らかにしていく「ベリングキャット」の調査報道のすさまじさを目の当たりにした私は、絶対にこの手法は将来必要になると確信し、日々の研修にわくわくしながら編集室を後にした。

その後、デスクから電話があり「ＯＳＩＮＴを使ってミャンマーの番組を作らないか？」という連絡を受けた。私は学生時代ミャンマーに数ヵ月滞在していたことがあり、友人もいたため、クーデター以降のミャンマーの状況を他人ごととは思えなかった。今回学んだＯＳＩＮＴを使って少しでもミャンマーの現状を変えることができればと二つ返事で快諾し、シリーズ2本目のNHKスペシャル「混迷ミャンマー　軍弾圧の闇に迫る」の制作に参加することになった。

## クーデターの背景に何があるのか

1本目の制作にあたったメンバーに加えて、2本目から入ることになったのは私と石井貴之ディレクター。1本目が反響が大きかった番組だったこと、そして、OSINTを初めて本格的に使って調査報道を行ったチームだったため、2本目から制作に入ることに「私にできることがあるのだろうか」と、正直少し弱腰だった。

5月31日。私たちは2本目に向けてどのような番組にしていくか、それぞれが取材すべきだと考える内容を持ち寄った結果、私は「クーデターが起きた背景にある軍の思惑」を調べることになった。「何が語れるかはわからないが、とにかく調べよう」というミッションだった。

まずミャンマーの歴史を一から勉強した。今このような状態になっている背景にある歴史を知らないと、番組を作る土俵に立つこともできない。歴史を学べば学ぶほど、この国の複雑な構造が浮かび上がってくるようだった。

1948年1月にイギリスから独立し、はじめは文民統治に従った国軍だったが、その後、そこから逃れようと考えるようになる。1962年にクーデターを起こして全権を掌握し、議会制民主主義を捨てるに至る。ビルマ社会主義計画党という政党をつくって一党支配体制を築き、軍独自の「ビルマ式社会主義」を実践するが、経済的に大失敗に終わると、1988年に市民による民主化運動が盛んになり、同体制が倒れた。しかし、軍は2度目のクーデターを起こし、今度は軍が直接政治を行う軍政が2011年の民政移管まで23年間続いた。よって、1962年のクーデターから数えれば、実に半世紀近い期間、軍が実権を握っていたと言える。

軍事政権下の2008年に制定された現行憲法は、軍の特権を担保していた。国防と警察（国内治安）と国境治安については軍が全権を握り、文民統治の入る余地を排除した。また、憲法改正には議員定数の4分の3を超える賛成を義務づけ、議席の4分の1を前もって軍人に与えている。つまり、軍の議員が寝返らない限りは憲法を改正することは不可能という体制を築いた。極めつけは「配偶者や子が外国籍の者は大統領に就任する資格がない」という規定である。英国籍の夫（故人）と息子二人がいるアウン・サン・スー・チー氏を大統領にするのを阻止できる憲法を作り上げていた（彼女が国家顧問という新しくつくられた役職に就かざるを得なかったのはこの規定のせいである）。憲法には加えて、「国家緊急事態」を大統領が宣言した場合、全権が軍司令官に委譲され、最大2年間、国民の基本的権利に関する法律を制限または停止することができると定められている。実際、軍は、クーデター後の2021年2月13日、国営テレビを通じて「憲法第420条に基づき、裁判所の許可なく、市民の拘束や家宅捜索を実施することを禁じた法律を一時的に停止する」と発表。裁判所の許可なく市民の拘束や、住宅の家宅捜査、通信傍受や通信記録の入手などを行うことが可能となった。そして「合法的」に市民を拘束することが常態化するようになった。

軍はクーデターを起こした理由を、2020年11月8日に行われた総選挙で、与党であるアウン・サン・スー・チー氏率いる政党、国民民主連盟「NLD」が不正を行ったためだと主張している。ミン・アウン・フライン司令官は国営テレビの演説で「民主的な総選挙の有権者名簿をめぐって、ひどい不正があった」と述べた。この選挙では、国民民主連盟が民選議席の8割以上を獲得する圧勝を収めた。しかし、軍は有権者名簿の名前の重複記載や無資格者の記載など1130万件以上の不正が見つかったとしている。そのうえで選挙管理委員会は国民民主連盟が国家権力を掌握するという陰謀のために、職権を乱用して不正選挙を行ったのだと批判し、それを理由に非常事態を宣言したと説明した。事実上の軍事クーデターをこのように正当化しているが、有識者名簿は選挙後非公開とされていて、その事実を確認することはできない（以上、ミャンマーの政治体制や史実などの記述は、上智大学の根本敬教授が監修）。

## 元将校たちが語る、自国民に銃を突きつける軍の実態

軍がいかにこの国で力を持っているか、その構造を知れば知るほど恐ろしく感じた。

軍はいったいなぜクーデターを起こしたのか。なぜ自国民に銃を突きつけ、弾圧を続けるのか。その裏には何があるのか――。

私はNHKアジア総局の内田敢チーフ・プロデューサーの協力を得て、軍の内情を知るために、元ミャンマー軍の兵士たちに取材を行うことにした。リモートでインタビューに応じてくれたのはクーデターを機に軍から離反し、今も逃亡を続けている4人の元将校たち。そのうちの二人は顔と名前を出すことで実態を伝えたいと申し出てくれた。重い口を開いた彼らによると、軍がクーデターを起こした真の理由は「自分たちの利権を守るためだ」ということだった。

元少佐「なぜ軍が国民を殺しているかというと、権力を握りたいからです。彼らが武力で国を支配すれば、国家予算も、国の天然資源も、一部の権力を握っている人の手に入る

ことになるからです」

元大尉「軍は最初からクーデターを起こすことを計画していました。そして、クーデターに対して抗議デモが発生し、それを鎮圧することも含めて詳細な計画を練っていたのです」

さらに、軍が自国民たちを殺害しているのは、社会と隔絶された場所で洗脳を受けているからだと語った。軍人とその家族は、軍が管理する敷地の中で一生涯を過ごす。そこには居住地や病院、学校、売店もあり生活のすべてをまかなうことができるという。行動すべてが監視され、仮に逃亡すれば逮捕され、死刑になることもあるというのだ。

元大尉「軍にいると外とのつながりがとても少ない。政治や国民について触れている記事は読めない。軍隊の中で得られる情報は、軍が統制している新聞やテレビしかないのです」

ヘイン・トー・ウー元少佐「権力を握りたい人が軍隊を操っています。もし軍人やその家族が裏切る行為をしたら起訴されてしまいます。（軍から）逃げることは決して許されません。家族も同様に逃げることは難しいのです。それでも私が軍を離反したのはやり方が

インタビュー取材に応じてくれた元将校たち

ひどすぎるからです」

こうした隔絶された世界で「自分たちは特権階級」だと洗脳をされ、選民思想を植え付けられる。特に叩き込まれるのは「民主化を求める市民は悪だ」という思想だという。

先述した通り、軍の独裁のただ中にあった１９８８年、民主化を求める大規模な反政府運動が巻き起こった際には、軍は武力でデモを鎮圧し、１０００人以上の市民が死傷したとみられている。

しかし、これについても、兵士たちは「当時、暴徒化した市民が多くの兵士を殺した」という事実とは異なることを教えられてきたといい、今も、「国を守る自分たちに反抗する者は殺してもいい」と命令されるという。

トゥン・ミャッ・アウン元大尉「『自分の目の前にいるのは敵だと思え』と常に洗脳されてきました。現場の指揮官から『殺してしまえ』という命令を下されることもあります」

元少佐「軍は国民がどうなってもいいと考え、罪のない人たちを殺したり市民を痛めつけたりしています。権力を握るためなら何でもやるのが軍なのです」

## ミャンマー国連大使が指摘した「軍系企業」の存在

ミャンマー国連大使のチョー・モー・トゥン氏も、元将校たちと同様に「軍がクーデターを起こした背景には利権がある」と語った。クーデターに反発し、国連総会の場でミャンマー軍に反対する意思を示す「3本指」を立てるなど批判を強めた結果、軍から反逆罪で訴追され、2021年8月には暗殺計画まで明るみに出た。しかしそうした中でも自らの身を挺《てい》して、訴えを続けている。現在はアメリカのニューヨークに住んでいる大使にインタビューを行った。

チョー・モー・トゥン国連大使「軍が所有している軍系企業があり、非常に多くの特権を享受し乱用してきました。しかし、国民民主連盟の改革によって軍の支配領域が狭められ幹部たちは焦りを感じていました。今こそ、軍に流れるあらゆる資金を直ちに断ち切るべきです。軍による支配を終わらせるために、国際社会は圧力をかけ続けるという重要な役割を果たせるはずです」

## 軍系巨大複合企業「MEHL・MEC」

大使が強調したのは、軍が支配する軍系の巨大複合企業の存在だった。その名はMEHL（ミャンマー・エコノミック・ホールディングス）とMEC（ミャンマー・エコノミック・コーポレーション）。ミャンマーでは、両社が所有する子会社は130以上に及ぶとされ、その巨大複合企業が生み出す収益はミャンマー国内のすべての民間企業を上回るとされている。

MEHLは1988年のクーデターの後、軍事政権下のミャンマーで初めて設立された民間企業だ。その子会社は、ルビーや翡翠《ひすい》の採掘、銀行、観光、輸送などさまざまな事業を展開している。

MECは、1997年に設立され、鉱業、製造、通信部門に事業を持っている。生活に欠かせない食料品から、インフラまであらゆる業界に子会社を持っているのが、この軍系企業だ。

これまで、これら軍系企業の実態はベールに包まれていたが、国連が２０１９年に報告書を発表したことで、その実態が明らかにされた。

ＭＥＨＬには、11人の取締役会があり、そのうち７人が軍人、４人を退役軍人が務めている。ＭＥＣは、国防省によって所有・管理されている。さらに報告書では、軍の高官は、この軍系企業の持ち株会社と子会社に対して、強い影響力を持つ組織「パトロン・グループ」に属していると指摘。議長は軍の最高指揮官であるミン・アウン・フライン司令官、副議長はソウ・ウィン副司令官が務めており、軍の高官７人が含まれているとしている。つまり、軍系企業を支配しているのは、事実上、軍だとしているのだ。

それでは軍系企業で生み出された収益はすべて軍に渡っているのか――。

欧米各国はこれらの軍系企業に対して資産の凍結、取引の禁止などの制裁を科してきた。軍系企業の収入がもし軍に流れていれば、抵抗する市民を撃つための銃などの資金として使われているかもしれない。国際社会が軍の暴走を止められない背景には、この巨大な資金源があるのではないか？　私たちは、軍系企業の収入がどこに流れているのか調べることにした。

## リークされた機密文書

取材を始めて数日後、在日ミャンマー人のリサーチャーから「ミャンマー軍の機密文書がリークされた」と連絡が入った。聞くと「Distributed Denial of Secrets」というリークサイトに、何者かによって大量の機密文書がリークされたとのことだった。

サイトにアクセスしてみると、「Myanmar Financials」と「Myanmar Investments」というタイトルのデータがアップロードされていた。

そこには「企業の定款、財務文書、ミャンマー投資委員会の投資提案や、外国投資の機密文書が含まれている」という説明が添えられていた。少しパソコンの知識があれば、ダウンロードができるようになっている。私は、まずこのリーク文書を調べることにした。

データ量は500ギガバイト以上にも及び、ダウンロードするだけで7日以上もかかってしまった。データを開くと、複数のフォルダに分かれている。そのフォルダの一つを緊張しながら開いてみると、表示されたのは英数字が並ぶファイルの数々。さらに一つひとつ見ていくと、中に入っていたのはほとんどがPDFやワードなどの文書。その数は30万枚以上に及ぶとみられた。

パスポートらしきもののスキャンや、英語で書かれた会社の定款、日本語で書かれたミ

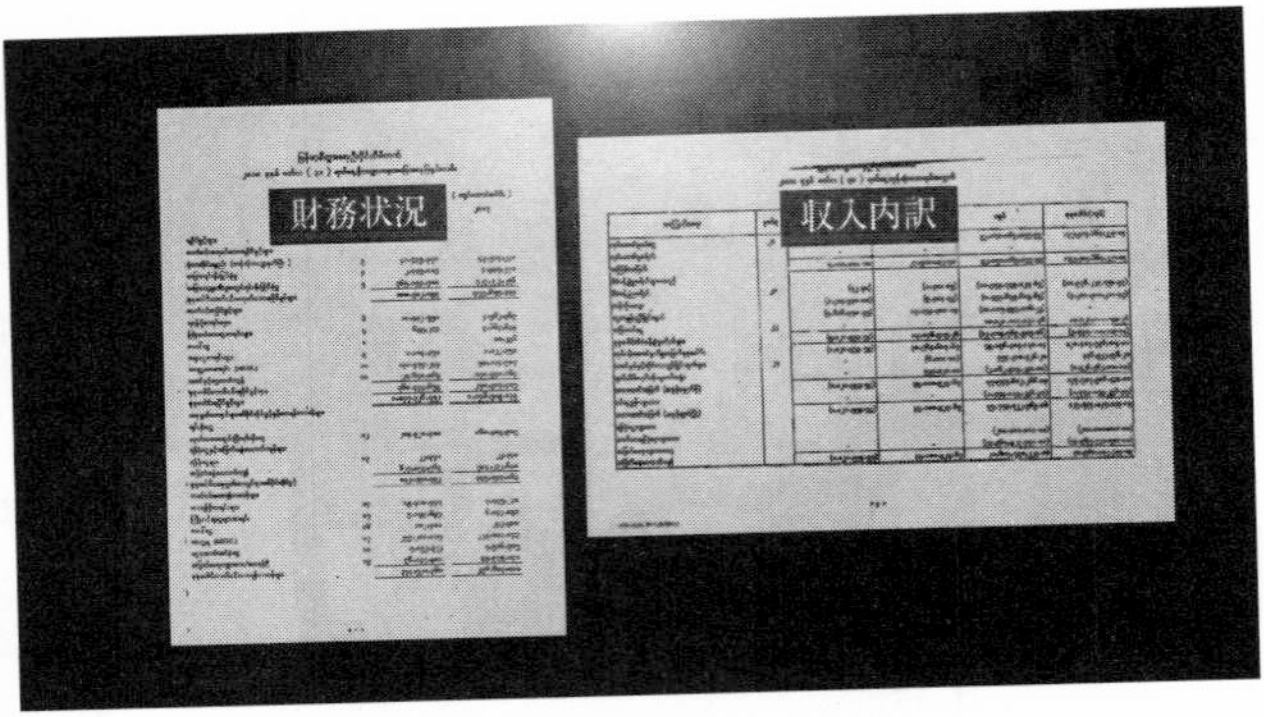

財務状況と収入内訳が書かれたリーク文書

ヤンマーの観光情報などもあり、まさに玉石混交。ファイルを開いて中身を確認していくだけでも途方もない作業量だった。てっとり早く必要な情報だけを検索できないかと、検索ボックスにキーワードを入れてみたが、情報が膨大なためか検索機能が停止してしまう。情報は膨大にあるにもかかわらず、この宝の山を使いきれないでいた。

一人では何もできないと思った私は、まずNHKの中にある「AI解析チーム」に協力を依頼した。その名の通り、AIの機能を使って番組制作に協力してくれるチームだ。

「AI解析チームが何かを発見してくれたら……」、そんな期待を抱きながら、担当者に番組の概要を伝え、リーク文書の解析に力を貸してほしいと伝えた。

話し合いの結果、膨大な情報の中から必要な情報を選び、それらを抽出する作業を行ってもらうことにした。しかし、リーク文書のミャンマー語はＯＣＲ（光学文字認識）が対応していないものがほとんどだった。

新たにＯＣＲ処理をして文字認識を行おうとすると、文章が膨大にあるため数ヵ月はかかるという。政府の印影などを物体認識ＡＩで判断するなど、特定の文書を抽出することはできるとのことだったが、この方法もとても時間がかかってしまう。この時点で放送まで２ヵ月を切っていたため、今回はミャンマー語を諦めてすでにＯＣＲ処理がされている英語で書かれた文書に絞り込んで、情報を抽出してもらうことにした。

早速、軍系企業やその子会社の名前、軍の高官たちの名前など１００ほどを選んで、ＡＩ解析チームに抽出をお願いした。

数日後、担当者から抽出の結果が出たと連絡があった。私は、願うような気持ちで抽出されたデータを見たが、軍のミン・アウン・フライン司令官に関するデータはおろか、財政状況がわかるような情報は出てこなかった。

## 世界の人権団体や報道機関と協力して解析

「人海戦術でやるしかない」

そこで、私たちはリーク文書の解析について、アムネスティ・インターナショナルやヒューマン・ライツ・ウォッチ、Justice For Myanmarといった人権団体、さらに、OCCRPといった海外の報道機関などに協力を依頼することにした。すると、彼らも私たちと同様に独自にリーク文書の読み解きを行っていることがわかった。

先述した通り、OSINTが世界的な潮流となった今、組織や国境の壁を越えて共同作業を行うことは珍しいことではなくなっている。

なかでも、OCCRPは世界中のジャーナリストたちが共同で文書の解析ができるように独自に構築したデータベースを活用し、リーク文書を共有。また秘匿性の高いSNS「シグナル」でグループを作り、さまざまな人と連携して、ともにその解析を進めていた。海の物とも山の物ともつかないものだったリーク文書は、世界の報道機関や人権団体がこぞって解析を進める重要文書である可能性が見えた瞬間だった。

組織犯罪と汚職を監視するジャーナリスト団体OCCRPのメンバーは、「リーク文書の中の予算文書と入札記録を見ると資金の流れがわかるのではないか」と助言をくれた。まだあまり解析は進んでいないということだったが「君たちの報道に役立つ文書が見つかれば共有するよ。それぞれが力を合わせてこの問題を解決していかなければならないから」と言って力を貸してくれた。

彼の言葉を聞いて、私たちは組織を超えて力を合わせることで問題を解決していくことこそが本来重要であると強く感じた。情報を取るために競い合うのではなく、共有していく時代に突入しているのだ。

さらにそれを実感したのが、「軍系企業から軍に流れる資金」に注目しているミャンマー人が、膨大なリーク文書から、ＭＥＨＬの情報だけをまとめたフォルダを作り、インターネット上で拡散しているのを見つけたときだった。そのフォルダの中身をリサーチャーに調べてもらった結果、入っていたのはＭＥＨＬの出資状況をはじめ、まさに私たちが探していた軍系企業の財務状況のわかる資料だった。調査開始当初から、何の情報も見つけられないことも覚悟していたため、報われる思いだった。

次にやらなければいけないのは、その中に入っている資料の読み解きだ。すべての資料はミャンマー語で書かれている。この時点で放送まで1ヵ月を切っていた。時間がないためすべてを翻訳に出すことはできないと考え、出資リストを中心に翻訳することにした。すると驚きの事実が浮かび上がってきた。

２０１９年のＭＥＨＬの株主リストを見ると、なんと38万人に及ぶ株主の実に９割以上が軍人や退役軍人だと明記されていたのだ。そしてその配当は１７００を超える各地の部隊などに支払われていることも書かれていた。

さらに２０１１年のＭＥＨＬの株式部局の資料には、ミン・アウン・フライン司令官に支払われた配当は、年間約３０００万円に上ることも記されていた。そして、過去20年間で株主に支払われた配当を合わせると、その金額は約２兆円にも上っていた。

これらのことから、ＭＥＨＬの収益の一部が軍人や軍の組織に渡っていたことが明らかになったのだ。

## 機密文書をリークしたハッカーに接触

いったいこれらの機密文書をリークした人物は何者なのか——。

当然、これらの文書が本物であるという確証を得られなければ、最終的に放送で使うことはできない。そのため、私は資料の検証作業と並行して、文書をリークした人物への接触も試みていた。

取材を進めたところ、わかってきたのは、世界的にも知られる「Anonymous」というハッカー集団が関与した可能性が高いということだった。ツイッターのＤＭ（ダイレクトメッセージ）でAnonymousに連絡を取ると、@Donk_enbyというハッカーがハッキングを行い文書をリークしたという。連絡をしようと試みたが、今はツイッターも閉鎖し、メンバーも連絡がつかないということだった。しかしさまざまな人物に連絡を取り続けた結果、@Donk_enbyのシグナルの連絡先を手に入れることができた。取材の申し出に対し「リーク文書についてなら喜んで話します」と快諾してくれた。私は、まずどうやってこれらの文書を入手したのかを尋ねた。

@Donk_enby「Myanmar Financialsは、公開されていた投資企業管理局（DICA）の情報を軍に消される前に一つの場所に集約する必要があると考え、公開しました。Myanmar Investmentsは以前から機密情報となっていたもので、ヤンゴン市投資委員会の従業員用アカウントをハッキングすることで、投資データに世界中からアクセスできるようにしました」

@Donk_enbyは、アメリカの連邦議会議事堂が襲撃された際に、ホワイトハッカーとして有名になった後、ツイッターを通して多くのミャンマー市民から助けを求められたのだという。

たった一人で一日16時間、それを1ヵ月続け、今回のリーク文書の公開を行ったという。今回の惨劇を生み出した軍の首謀者の責任を問えるように、その証拠を世界に発信することで、ミャンマー人たちの現状が変わればいいと話していた。

私たちは、@Donk_enbyの証言に加え、ミャンマーの政府事情に詳しい人物や弁護士、ミャンマー研究を行う複数の大学教授にもリーク文書の信憑性をチェックしてもらうなど、さらなる裏取りを進めた。そして、世界のジャーナリストたちを束ねるOCCRPをはじめ複数の海外メディアや、国際的な人権団体などがこぞって検証をしていることなども鑑みて、これらの文書は本物であると判断するに至った。

もし見つかれば命の保証はない中、軍の機密文書を公開した@Donk_enby。これらを解析して報道することで、軍の暴走を食い止める一助となれないかという使命感を強く感じた。

## 日本企業から軍に資金が流れているのか?

軍の資金について調査を進めるうちに、ともに調査に当たっている海外の人権団体の一つであるJustice For Myanmarが、リーク文書の中には、軍と日本企業の関係を示す文書もあることを示唆してくれた。

日本はミャンマーと深いつながりがある国だ。２０１１年に軍事政権から民政移管した際、「アジア最後のフロンティア」と言われたミャンマーには４００社を超える日本企業が進出した。

また、ミャンマーに対する日本のＯＤＡ（政府開発援助）は、無償と有償資金協力などを合わせると２０１９年度でおよそ１９００億円で、先進国の中で最も多く援助してきた。２０２１年２月のクーデター後、日本政府は、すでに締結している無償資金協力などについては継続する一方で、新規での供与は見送っているという（２０２２年２月１日現在）。

こうした強い結びつきの中、日本企業は軍とのつながりを以前から指摘されてきた。２０１９年に国連が出した報告書の中でも、複数の日本企業が、軍系企業と関係していることを指摘。２０２１年２月のクーデター後、こうした企業に対しては、人権団体や投資家から厳しい目が向けられてきた。

なかでも、キリンホールディングスは軍系企業ＭＥＨＬと合弁会社を設立していた。２０１５年、ミャンマー最大手のビール企業ミャンマー・ブルワリーの株式の55％を約７００億円かけて取得。合弁相手はミャンマー・ブルワリーの株式を45％所有していたＭ

EHLだった。そして2017年にMEHLと別の合弁事業でマンダレー・ブルワリーの51%の株式を取得。これらの投資により、キリンホールディングスはミャンマーにおけるビール販売のシェアで首位に立った。しかし、クーデター直後、キリンは、軍系企業との関係を断ち切る姿勢を示し、提携を解消する方針を示した。そして、2022年2月に、現地で運営する二つの合弁会社について保有している株式をすべて売却し、6月までにミャンマー市場から撤退するとの方針を示した(2022年2月14日現在)。

さて、話を戻すが、私たちがリーク文書で注目したのは、日本の官民で進めるあるプロジェクトが、軍と関係性を持っているか否かだった。それは「Yコンプレックス事業」だ。

Yコンプレックス事業は、2018年8月に最大都市ヤンゴンで着工、ホテルや商業施設、オフィスが入る大型施設で、当初は2021年の開業を予定していた。ゼネコンのフジタを中心に設計や施工が進められ、総事業費は360億円以上。そのうちの約8割を日本企業や公的機関が出資するとされていて、日本の政策金融機関のJBIC(国際協力銀行)が約51億円を融資し、官民合同のインフラファンドJOIN(海外交通・都市開発事業支援機構)が約56億円を出資しているという。

事業スキームとしては、フジタと東京建物がＪＯＩＮとともに特別目的会社をシンガポールで設立。その特別目的会社がミャンマー法人のＹコンプレックス社に対して、80％を出資。残りの20％をミャンマー法人のアヤヒンターの子会社である「ＹＴＴ社（Yangon Technical & Trading Co., Ltd）」が出資するとしている。

このプロジェクトの何が問題とされたのか？

人権団体のヒューマン・ライツ・ウォッチやメコン・ウォッチなどは、このプロジェクトを通じて、日本企業や公的機関から軍に資金が渡っている可能性があるという点を問題視していた。

ヒューマン・ライツ・ウォッチの笠井哲平さんは「ミャンマー軍の収入源になる可能性があるＹコンプレックス事業から、日本企業および関係諸機関は、責任ある形で撤退すべきだと考えております」と訴えている。

そもそも、笠井さんらがこのプロジェクトを問題視したのは、Ｙコンプレックスが建てられた場所が、もともと軍事博物館だった場所だったことに起因していた。

私たちも、今回手に入れたリーク文書の中にあった事業の環境アセスメント報告書（Ｅ

IA）に注目。そこに添付された賃貸借契約書には、「この土地はミャンマー陸軍（Army）が所有している」と記載されていた。そして、この土地の賃料の支払い先として「Defense Account No. MD 010424」が指定されていた。私たちは、この口座の所有者が誰なのかを正確に確認することはできなかったが、契約書には、貸主（LESSOR）が「兵站《へいたん》局《きょく》」、賃借人（LESSEE）が「YTT社」と書かれていた。

ミャンマー軍の組織の詳細は明らかにされていないが、この兵站局については、複数の専門家への取材によって、軍の組織で、通常武器の購入などを行っているということがわかった。

もし仮に、複数の日本企業や公的機関が関わるプロジェクトから、兵站局に、毎年多額の賃料が支払われているとすれば、その資金が武器の購入にあてられている可能性があるのではないか――。ヒューマン・ライツ・ウォッチの笠井さんをはじめ複数の人権団体は、そう主張していた。

以前からこうした指摘があったものの、クーデター以降、改めて問題視されるようになったこのプロジェクト。これに対して、2020年6月22日、ミャンマー軍のスポークスパーソンは「軍がYコンプレックスの土地を所有している」こと、そして、「国防省がそ

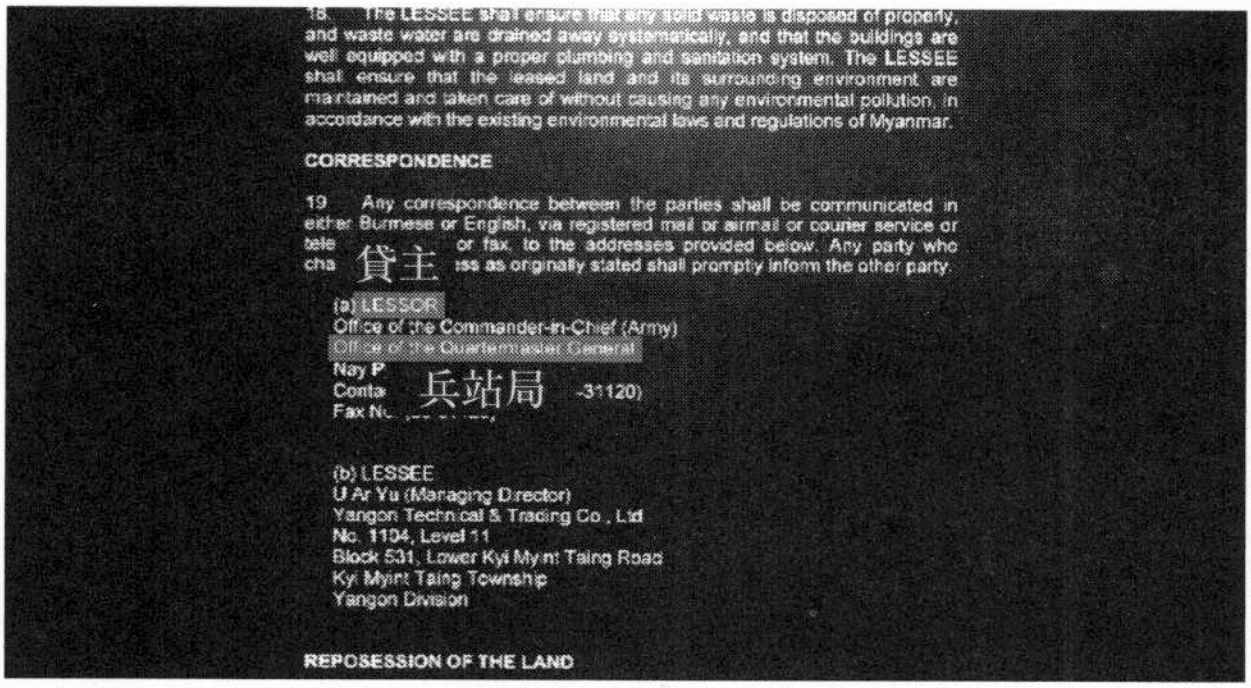
18. The LESSEE shall ensure that any solid waste is disposed of properly, and waste water are drained away systematically, and that the buildings are well equipped with a proper plumbing and sanitation system. The LESSEE shall ensure that the leased land and its surrounding environment are maintained and taken care of without causing any environmental pollution, in accordance with the existing environmental laws and regulations of Myanmar.

CORRESPONDENCE

19. Any correspondence between the parties shall be communicated in either Burmese or English, via registered mail or airmail or courier service or tele 貸主 or fax, to the addresses provided below. Any party who cha ss as originally stated shall promptly inform the other party.

(a) LESSOR
Office of the Commander-in-Chief (Army)
Office of the Quartermaster General
Nay P
Conta 兵站局 -31120)
Fax N

(b) LESSEE
U Ar Yu (Managing Director)
Yangon Technical & Trading Co., Ltd
No. 1104, Level 11
Block 531, Lower Kyi Myint Taing Road
Kyi Myint Taing Township
Yangon Division

REPOSESSION OF THE LAND

契約書（Appendix II B.O.T System Land Lease Agreement）

の賃料を受け取っていること」を認めている。

さらに、2021年3月5日、JBICは、人権団体のメコン・ウォッチからの質問に答える形で、土地の賃料の支払いはすべてミャンマーの国防省が受け取っていると答えている。曰く「本件は、賃料がミャンマーの国防省の兵站局に支払われていることとはJBICとしても承知している。その賃料支払いについては、歳入としてミャンマー政府の一般会計に入っているものと認識している。ミャンマーにおいては予算法という法律に基づいて、いわゆる一般会計予算が対外公表されており、そこの枝ぶりとして国防省も含まれている」。

私たちは、改めて、この賃料の支払先について、Yコンプレックス事業に関わるフジタなどに取材を申し込んだ。

フジタは文書で、賃料については、合弁相手であるミャンマー企業に支払う仕組みになっているとした上で、「合弁相手であるミャンマー企業は当該土地をミャンマー国政府の一機関である国防省から借り受けているが、最終的な受益者は国防省でなくミャンマー国政府であると認識している」と回答。

そして、クーデターが起きた2月1日以降は、「工事等本事業の推進は既に停止」しており、「賃料も支払っていない」と答えた。

また、事業の今後については「状況の推移を注視していく」とした（以上、すべて2021年8月3日時点の回答）。

こうした状況について、ヒューマン・ライツ・ウォッチの笠井さんは、ミャンマーの憲法では、国防省は実質軍の支配下にあることに加え、クーデター以降、実質的に国を支配しているのは軍であると指摘した上で、「今後、いつまでこの事業を停止するのか、仮にどういう状況になったら再開するのか、早急に透明性ある形で対応してほしい」と訴えた。

ちょうど同じころ、2021年8月1日には、ミン・アウン・フライン司令官が「暫定首相」に就任すると発表し、軍の支配が続くミャンマー。今も人権団体の多くは、日本企業などに対して、Yコンプレックス事業からの撤退などを求めている。

もともと、この事業はクーデターが起きる前、国民民主連盟政権下において施行された新投資法に基づき、ミャンマー投資委員会の認可を最初に受けた第1号案件であり、ミャンマーの経済活動や国民の生活の向上に貢献することを理念として進められてきたという。

しかし、軍が実権を握り、今も国がどこへ向かうのか不透明な状況の中で、多くの日本企業が決断を求められている。

## OSINTによる番組制作を通じて

今回OSINTの手法を駆使して調査報道を行ったが、こんなにも現地で撮影を行わずに番組を作ったのは初めての経験だった。映像がほとんどない中で「本当に番組として成立するのか」という気持ちを常に抱いていたが、複雑な軍の利権構造をCGでわかりやすく提示したり、さまざまな情報をもとに映像を肉付けしたりすることで、発見した事実が強ければ、番組は訴える力を持つということを学んだ。

しかしながら、膨大な情報を取捨選択し、解析するのは、相当な時間と労力がかかった。何よりも得られたリーク文書が本物かどうか、多角的に検証し裏を取ることは緊張を強いられる作業となった。

膨大な情報の価値を見極め、その真実性を担保する――。

この作業がＯＳＩＮＴには欠かせない一方で、大変な労力が要求される。今回、放送したもの以外にも得られた情報は山のようにあったが、放送まで時間がない中で、その価値や真実性を見極めることができず、断腸の思いで放送をしなかったものも数多くあった。

それでも共通しているのは、従来の取材手法とは違う形で、さまざまな角度から問題の実態をあぶり出し、伝えることができたと考えている。

ＯＳＩＮＴは、今後のＮＨＫの調査報道にとって、新しい可能性を秘めており、これから欠かせなくなる手段だと感じた。

# エピローグ　2月24日にすべてが変わった（善家　賢）

## ウクライナ危機の陰で忘れられてしまうのではないか……

2022年の2月24日――。

ミャンマープロジェクトのメンバーたちが会議室に集まった。ほぼ全員が揃うのは、NHKスペシャルの第2弾の放送以来、実に半年ぶり。目的は、2ヵ月後に放送が迫っていた第3弾の内容を議論することだった。

会議はちょうど正午からの予定だったが、プロジェクトの一員である国際部の鴨志田デスクから直前に連絡が入り、「国連の安全保障理事会がウクライナ情勢をめぐって緊急会合を開いているため、打ち合わせには出られない」と言う。非常に緊迫した声だった。

「ついに始まったか……」

そう。この日はまさに、ロシアがウクライナに軍事侵攻を始めた日だった。

この日を境に、NHKスペシャルのチーフ・プロデューサーを務める私も、完全にウクライナシフトとなり、次から次へと関連番組の制作に駆り出された。

当然、日本も世界もニュースはウクライナ一色。クローズアップ現代や、NHKスペシャルといったNHKの番組も、刻々と変わる情勢や、広がり続ける被害を、堰《せ》き止めては放送するということを繰り返していた。まさに総力戦だった。

こうした状態が1ヵ月近く続き、私の頭の中は、ウクライナ情勢一色となっていたが、ミャンマー第3弾の「一試写」が行われたのは、そんなさなかだった。

試写を終えた瞬間、私は頭を強くハンマーで殴られたような衝撃を受けていた。

「ミャンマーがここまでの惨状となっている……」

もちろん、私たちは、クーデターから1年を迎えた2月1日には、BS1スペシャル「動画が暴いた軍の弾圧〜ミャンマー　クーデターから1年〜」で、最新情勢を伝えていたし、その後も、日々、記者やディレクターから取材報告が届いていた。当然、ウクライナ報道に忙殺されながらも、「ミャンマーの危機がこれまでとは異なる次元に突入している実態」を、頭では理解していた。

しかし、試写で提示された映像には、改めて、その想定を超える「悲劇」が映し出されていた。

ミャンマーの国境地帯をドローンで撮影した動画には、無残に焼き払われ、破壊された町の姿があった。13歳の少年を含めた住民10人が残虐な手口で殺害される事件や、30人以上が焼死体で見つかる惨劇なども相次いでいた。

軍がこうした無差別な攻撃をエスカレートさせている背景には、国境地帯を中心に各地で戦闘が激化し、内戦が泥沼化していることがあった。若者たちの一部が武装し、2万5000人ともいわれる抵抗勢力に拡大。手製の武器などを使って軍と激しい衝突を繰り返していたのだ。それに対して、軍は、住民を巻き込んだ大規模な空爆を展開。戦禍を逃れた避難民は61万人を超えるなど、深刻な人道危機に直面していた(UNHCR 2022年4月6日時点)。ミャンマーの人権状況を調査する国連の特別報告者、トム・アンドリュース氏は「軍は避難所にまで爆弾を落としている。ミャンマーの人々に安全な場所はない」と強く警鐘を鳴らしていた。

なかでも、これまで継続取材をしてきたミャンマー人のウィン・チョウさんが、祖国の惨状を前に発した言葉がひときわ重く響いた。

「怖いのは世界に忘れられてしまうこと……みんながビルマ（ミャンマー）のことを忘れないように、今もひどくなっているということ、エスカレートしているということをもっともっと伝えたい……だから忘れちゃいけない、忘れさせない……」

ここまで危機的な状態に陥っているのに、世界の関心が薄れてしまっている……。ウィン・チョウさんをはじめ、ミャンマーの人たちの悲痛な叫びである。2月24日を境に、ウクライナに一気に関心が集まったことも、それに拍車をかけていた。

しかし、一概に比較はできないとはいえ、他国から侵攻されたウクライナも、軍がクーデターを起こし内戦が激化しているミャンマーも、同じ〝戦場〟であることに違いはない。無差別な攻撃によって罪のない市民が日々殺害され、多くの人が住む場所を失っている事実にも違いはない……大国や、時の権力者に翻弄され、つねに犠牲を強いられてきたのは、その末端で生きる無数の市民である。

では、どうすれば、〝ウクライナ危機〟の裏で、多くの人に関心を持ってもらえるのか……第3弾では、とにかく、この一点に苦心した。

私たちは、これまでに培ってきたＯＳＩＮＴの手法を最大限駆使して、まずは、事の深刻さを伝えようと考えた。国境地帯に位置するチン州のタンタランという町では、軍による大規模な掃討作戦によって、半年で少なくとも25回の焼き打ちが行われ、町全体の６割近い１２００軒の民家が破壊されたことを解明した。

それとともに力を入れたのが、軍が攻撃に使用している兵器がロシア製であることを証明することだった。実は、２０２１年２月のクーデター以降、ミャンマー軍の幹部らが、最新の兵器の視察などのために頻繁に訪れていたのがロシアだった。実際、ウクライナへの軍事侵攻に対しても、いち早く支持を表明していた。

国連は、２０２２年２月の報告書で、ロシアなどが、ミャンマー市民の殺害に使われると知りながら、軍に兵器を供給し続けているとして厳しく非難。それを受けて、私たちは、実際に今もロシア製の兵器が攻撃に使われていることを、ＯＳＩＮＴを使って実証することで、ミャンマーの内戦も、ウクライナでの戦争と〝地続き〟であることを伝えたかった。

編集が終わりに近づこうとしたとき、私たちは、この番組のタイトルを「忘れられゆく戦場」と名づけることを決めた。ミャンマーでは、今日も一人また一人と、尊い命が奪われている。私たちは、それを決して忘れてはいけないという思いを、自戒の念を込めて伝えたかった。

こうして、4月17日にNHKスペシャル「忘れられゆく戦場〜ミャンマー　泥沼の内戦〜」が放送された。


ミャンマープロジェクトが立ち上がってから1年余り。幾多の困難を乗り越えて、ここまで続けてこられたのは、「自分たちが報じなければ誰が報じるのだ」という使命感があったからだと感じている。

そして、メンバー一人ひとりのそうした思いの結晶が、新聞協会賞の受賞や、ギャラクシー賞の「報道活動部門」の入賞などにつながると同時に、海外からも高い評価を得ることができたのだと考えている。

今、OSINTの手法を駆使して、新しい〝デジタル調査報道〟に挑戦するという目標は、さらなる広がりを見せて進行している。ミャンマープロジェクトと前後して、2021年12月に放送したシリーズ中国新世紀・第5回「〝多民族国家〟の葛藤」では、新疆ウイグル自治区の人権状況をめぐってOSINTを活用。2022年3月に放送したウクライナ情勢をめぐるNHKスペシャルでも、マリウポリの被害の実態などをOSINTで検証した。

こうした中、ウクライナについては、本書を執筆している２０２２年４月現在、ＮＨＫの記者やディレクターが現地に入り、日々取材を行っている。

〝現場取材〟とＯＳＩＮＴの両輪で事実を伝えていく――。

これが、今後のテレビ報道に求められる姿なのではないかと考えている。

私たちは、これからも、ウクライナ報道などとともに、アジアの片隅で孤立し苦しんでいる人たちの声を伝え続けていく。それこそが、日本、そしてアジアの公共メディアとして、ＮＨＫが負うべき責任だと感じている。

# 制作後記（鴨志田郷）

「デジタル手法を駆使して、ミャンマー軍による市民の弾圧の実態に迫りたい」

初めて番組のコンセプトを聞いたとき、そんなことが許されるのかと、戸惑いを覚えた。

パンデミック下の報道の世界では、記者やディレクターたちが取材先に直接会いに行くことも、海外はおろか国内さえ自由に出張することもできなくなり、オンラインのインタビューやSNS上の情報を精査して伝えるという手法が、すっかり定着していた。

しかし、人々が死闘を繰り広げ次々に命が散っていく紛争の現場を、「デジタルで描く」というのは、あまりに不謹慎ではないか。

長年、中東や欧米に駐在する特派員として、紛争やテロの取材に明け暮れ、ひたすら現場主義にこだわってきた。

乾いた銃声と空気を切る銃弾の音が入り乱れる、武力衝突の最前線。鈍い爆発音のあとの異様な静寂の中に、地獄絵が浮かび上がる爆弾テロの現場。砂埃《すなぼこり》や火薬の臭いに混じって死臭も漂う廃墟《はいきょ》の街で、悲しむ力も失って立ち尽くす人々。そしてそれでも黙々と瓦礫《がれき》を片付け、生き続けていこうとする人々。

日本から遠く離れた紛争地の只中にある市民の思いや生き様を、何とか視聴者に伝えようと、全身で感じた現場の空気を言語化し映像化し、共感を呼ぶプロットを考えることが、自分の仕事だとずっと信じてきた。そんな行程を度外視して、ミャンマーの悲劇を伝えることなど、できるはずがない。

しかし、NHKスペシャルのミャンマーシリーズの第1弾「緊迫ミャンマー　市民たちのデジタル・レジスタンス」の最初の編集素材を見たとき、自分の中に立ち込めていた霧が晴れた。

第二の都市マンダレーで、軍に抗議するデモに参加していた通称「エンジェル」と呼ばれた19歳の女性が、後頭部を撃たれて亡くなった。生前の可憐な姿から変わり果てたエンジェルさんが墓穴に横たえられる様子を、数百人の若者が厳粛に見守り、その一部始終をスマホで撮影してSNSで発信した。エンジェルさんの死は、ミャンマー市民の抵抗の象徴として、瞬く間に世界に広がった。

東京の編集室にいた制作スタッフ一同も、そんな映像を息を殺して見ていた。次々に発信されるむき出しの動画は、現場に満ちた群衆の怒りや悲しみをそのまま運んでくるようで、さながら自分たちもエンジェルさんの葬儀に立ち会っているかのような錯覚を覚えた。

私たちは決して「デジタル」という新手法にうつつを抜かすのではなく、苛烈な紛争の現場と世界を地続きにする、これまでにない「道具」として使いこなさなければならない、という確信を抱いた。

その後の第2弾「混迷ミャンマー　軍弾圧の闇に迫る」では、中部の都市バゴーで軍が軍事作戦さながらの弾圧を繰り広げ、夥《おびただ》しい市民の犠牲者を出したことを、現地から寄せられた情報や映像を解析して、立証しようと試みた。夫が軍に追い詰められた末に射殺された若い妻は、幼い子どもたちを抱え、オンライン・インタビューに嗚咽《おえつ》を漏らした。

第3弾「忘れられゆく戦場〜ミャンマー　泥沼の内戦〜」では、ウクライナ情勢の傍らで国際社会の関心が急速に薄れるミャンマーの内戦の実情を伝えようと、軍が展開する大規模な抵抗勢力の掃討作戦の全容や、ウクライナの戦場で使われているロシア製の兵器がミャンマーでも市民の弾圧に使われている実態を突き止めた。

今私たちに求められているのは、SNS上に出回る残酷な動画を組み上げ、衛星画像やビッグデータも織り交ぜて、精緻な構造物を完成させる「技巧」ではない。現場から寄せられる生々しい声や思いを全神経を使って受け止め、遠い紛争地の現実を視聴者と同じ目線に立って理解しようとする、限りない「謙虚さ」だ。そして、ネット上にあふれる夥しい情報や動画の中から、一つひとつ正しいものを拾い上げていく、どこまでも地道な「執念」だ。

「現場百遍」「百聞は一見にしかず」と言われては、せっせと現場に足を運んだ時代以上に、報道人たるもの、厳しく資質が問われるようになっているのかもしれない。

ＮＨＫスペシャルの制作スタッフの誰もが、ミャンマーで続くあまりの不条理を許せないという憤りに駆られ、それが世界から忘れられようとしている現状を心から憂い、それを一人でも多くの人に正しく伝えるためにできることはすべてしようという決意を、最後まで失わなかった。

一連の番組が内外から高い評価をいただくことができたとしたら、それは「デジタル時代の新しい調査報道」という表看板の陰に、そんな制作者たちの「アナログな信念」があったからに他ならない。それを何より誇りに思う。

## NHKスペシャル
## 緊迫ミャンマー　市民たちのデジタル・レジスタンス
## （2021年4月4日放送）

| | |
|---|---|
| 語り | 西東大 |
| 映像技術 | 林瑞樹 |
| 撮影 | 奥田悠 |
| 映像デザイン | 潮崎恭平 |
| CG制作 | 神田紗良 |
| 編集 | 猪瀬邦男　加藤洋一<br>谷正之 |
| 音響効果 | 東谷尚 |
| 音声 | 宮下弘靖 |
| コーディネーター | ティーハ・トゥエ<br>ミョウ |
| リサーチャー | 松島剛太　井上直樹 |
| デジタル調査 | 髙田彩子 |
| 映像データ解析 | 髙田里佳子 |
| 取材 | 宣英理　影圭太<br>飯沼智　内田敢 |
| ディレクター | 樋爪かおり　齋藤佑香<br>前田陽一 |
| 制作統括 | 善家賢<br>鴨志田郷 |

**NHKスペシャル**
**混迷ミャンマー　軍弾圧の闇に迫る**
**（2021年8月22日放送）**

| | |
|---|---|
| 語り | 石橋亜紗 |
| 技術 | 藤原雄 |
| 撮影 | 奥田悠 |
| 照明 | 益田雅也 |
| 映像デザイン | 潮崎恭平 |
| CG制作 | 佐藤法子 |
| 編集 | 黒田学　加藤洋一<br>布施幸人 |
| 音響効果 | 吉川陽章 |
| 音声 | 大迫博文 |
| コーディネーター | ティーハ・トゥエ |
| リサーチャー | 松島剛太　松尾恵輔 |
| デジタル調査 | 髙田彩子 |
| 映像データ解析 | 髙田里佳子 |
| 取材 | 飯沼智　矢野尚平<br>古山彰子　樋爪かおり |
| ディレクター | 石井貴之　宣英理<br>平瀬梨里子　吉田宗功 |
| 制作統括 | 善家賢　鴨志田郷<br>中村直文 |

## NHKスペシャル
## 忘れられゆく戦場　～ミャンマー　泥沼の内戦～
## (2022年4月17日放送)

| | |
|---|---|
| 語り | 西東大 |
| 撮影 | 奥田悠 |
| | ウダイ・ラマ |
| 照明 | 益田雅也 |
| 映像技術 | 伊部泰彦 |
| 映像デザイン | 潮崎恭平 |
| CG制作 | 神田紗良 |
| 編集 | 猪瀬邦男　加藤洋一 |
| | 仲田光佑 |
| 音響効果 | 吉川陽章 |
| 音声 | 宮下弘靖 |
| コーディネーター | アビシェク・ドゥリア |
| | 齋藤雪絵 |
| リサーチャー | 木村えり　バリノワ・タチヤナ |
| デジタル調査 | 佐藤凜太郎 |
| 映像データ分析 | 髙田里佳子 |
| 取材 | 飯沼智　松尾恵輔 |
| | 内田敢　太田雄造 |
| ディレクター | 石井貴之　淨弘修平 |
| | 平瀬梨里子　樋爪かおり |
| プロデューサー | 中村直文　若宮敏彦 |
| 制作統括 | 善家賢　松島剛太 |
| | 鴨志田郷 |

## 『NHKスペシャル取材班、「デジタルハンター」になる』
執筆者プロフィール

**善家　賢（ぜんけ・まさる）　プロローグ、エピローグ担当**
NHKプロジェクトセンターチーフ・プロデューサー
1972年生まれ。元ワシントン支局特派員。制作統括として、NHKスペシャル「香港　激動の記録（ギャラクシー賞テレビ部門・2020年度選奨）」「ブルカの向こう側」、シリーズ中国新世紀「"多民族国家"の葛藤」などを担当。著書に『金メダル遺伝子を探せ』『42.195kmの科学』（ともに角川書店）など。

**樋爪かおり（ひづめ・かおり）　第1部担当**
NHK国際放送局　報道番組「NEWSROOM TOKYO」ディレクター
1979年生まれ。ミャンマー、シリア情勢を中心に取材。主な担当作品にBS1スペシャル「瓦礫のピアニスト」「デジタルハンター　～謎のネット調査集団を追う～」。2021年より「ミャンマープロジェクト」チームで、OSINTを活用した調査報道に携わる。

**松島剛太（まつしま・こうた）　第2部、第4部 第1章担当**
NHK報道局政経・国際番組部チーフ・プロデューサー
1972年生まれ。NHKスペシャル「ワーキングプア」（Ⅰ～Ⅲ）、「本土空襲　全記録」、シリーズ体感 首都直下地震、シリーズ中国新世紀「"多民族国家"の葛藤」など、さまざまな手法を駆使しながら調査報道に取り組んでいる。

**石井貴之（いしい・たかゆき）　第3部 第1章担当**
NHK報道局社会番組部ディレクター
1985年生まれ。NHKスペシャル「謎の感染拡大」「未解決事件JFK暗殺」、大越健介　激動の世界をゆく「バルト三国」「カザフスタン」など国際番組を制作。

**大海寛嗣（だいかい・ひろつぐ）　第3部 第2章担当**
NHKプロジェクトセンターディレクター（デジタル・展開）
1980年生まれ。科学番組などを制作した後、デジタルディレクターに転身。「平成ネット史」のツイッターの中の人、連続テレビ小説「スカーレット」のデジタル展開、「新型コロナウイルス 格闘の証言」HP、NHKスペシャルミャンマー関連特設サイト、「戦争ミュージアム」（2022年夏に公開を予定）などを担当。

**平瀬梨里子（ひらせ・りりこ）　第4部 第2章担当**
NHK報道局社会番組部ディレクター
1991年生まれ。クローズアップ現代＋「コロナ重症者病棟　家族たちの葛藤」「後遺症が苦しい…　新型コロナ“治療後”の悩み」などコロナ重症者病棟の取材や、「追跡！クリック代行ビジネス」「追跡！サイバー犯罪組織　コロナ禍の日本を狙う闇」などネット社会の闇を中心に取材。

**鴨志田郷（かもしだ・ごう）　制作後記担当**
NHK報道局国際部デスク・解説委員
1968年生まれ。神戸放送局を経て国際部記者。エルサレム、ロンドン、パリ、ニューヨークの特派員、国際部の中東、欧州、国連の担当デスクを務めた後、ニュース7やNHKスペシャルなどの制作統括。現在、国連と欧州を担当する解説委員。

講談社現代新書　2664

# NHK《エヌエイチケイ》スペシャル取材班《しゅざいはん》、「デジタルハンター」になる

二〇二二年六月二〇日第一刷発行

著者　NHK《エヌエイチケイ》ミャンマープロジェクト

発行者　鈴木章一

発行所　株式会社講談社
東京都文京区音羽二丁目一二―二一　郵便番号一一二―八〇〇一

電話　〇三―五三九五―三五二一　編集（現代新書）
〇三―五三九五―四四一五　販売
〇三―五三九五―三六一五　業務

装幀者　中島英樹／中島デザイン

印刷所　株式会社KPSプロダクツ

製本所　株式会社国宝社

本文データ制作　講談社デジタル製作

定価はカバーに表示してあります　Printed in Japan



N.D.C.360　254p　18cm
ISBN978-4-06-528604-3

# 「講談社現代新書」の刊行にあたって

教養は万人が身をもって養い創造すべきものであって、一部の専門家の占有物として、ただ一方的に人々の手もとに配布され伝達されうるものではありません。

しかし、不幸にしてわが国の現状では、教養の重要な養いとなるべき書物は、ほとんど講壇からの天下りや単なる解説に終始し、知識技術を真剣に希求する青少年・学生・一般民衆の根本的な疑問や興味は、けっして十分に答えられ、解きほぐされ、手引きされることがありません。万人の内奥から発した真正の教養への芽ばえが、こうして放置され、むなしく滅びさる運命にゆだねられているのです。

このことは、中・高校だけで教育をおわる人々の成長をはばんでいるだけでなく、大学に進んだり、インテリと目されたりする人々の精神力の健康さえもむしばみ、わが国の文化の実質をまことに脆弱なものにしています。単なる博識以上の根強い思索力・判断力、および確かな技術にささえられた教養を必要とする日本の将来にとって、これは真剣に憂慮されなければならない事態であるといわなければなりません。

わたしたちの「講談社現代新書」は、この事態の克服を意図して計画されたものです。これによってわたしたちは、講壇からの天下りでもなく、単なる解説書でもない、もっぱら万人の魂に生ずる初発的かつ根本的な問題をとらえ、掘り起こし、手引きし、しかも最新の知識への展望を万人に確立させる書物を、新しく世の中に送り出したいと念願しています。

わたしたちは、創業以来民衆を対象とする啓蒙の仕事に専心してきた講談社にとって、これこそもっともふさわしい課題であり、伝統ある出版社としての義務でもあると考えているのです。

一九六四年四月　野間省一